Hans Herbert Klinger

Lautsprecher und Lautsprechergehäuse für HiFi

Der Selbstbau hochwertiger Lautsprecheranlagen

Mit 129 Abbildungen und 3 Tabellen

11., neu bearbeitete Auflage

Franzis'

Nr. 105 der RPB electronic-taschenbücher

CIP-Kurztitelaufnahme der Deutschen Bibliothek

Klinger, Hans Herbert:
Lautsprecher und Lautsprechergehäuse für HiFi: d. Selbstbau hochwertiger Lautsprecheranlagen / Hans Herbert Klinger. – 11., neu bearb. Aufl. – München: Franzis-Verlag, 1981.
(RPB-electronic-taschenbücher; Nr. 105)
ISBN 3-7723-1051-6

Druck: Franzis-Druck GmbH, Karlstraße 35, 8000 München 2
Printed in Germany. Imprimé en Allemagne.

ISBN 3-7723-1051-6

Vorwort

Die vorliegende 11te Auflage von RPB 105 wurde wieder neu bearbeitet. Einerseits mußte der Fortschritt in der Lautsprechertechnik seit Erscheinen der vorhergehenden Auflage berücksichtigt werden. Andererseits wünschten zahlreiche Leser detailliertere Darstellungen. So wurden neben RPB 105 zwei neue Bände geschaffen: RPB 311 „Lautsprechergehäuse-Baubuch" und ein neuer geplanter RPB „Lautsprecherkombinationen". In diesen beiden Bänden wird ausführlicher auf Spezialfragen der HiFi-Lautsprechertechnik eingegangen, die wegen des beschränkten Platzes im RPB 105 nicht besprochen werden können.

Aufgabe von RPB 105 soll es wie bisher sein einen allgemeinen Überblick über die HiFi-Lautsprechertechnik zu geben. Dabei werden aber wie bisher auch erprobte Bauanleitungen für den Selbstbau hochwertiger Lautsprecherboxen gegeben. Neu aufgenommen wurde in die 11te Auflage von RPB 105 ein Abschnitt über elektrostatische Lautsprecher. Die einzelnen Abschnitte wurden dem gegenwärtigen Stand der technischen Entwicklung angeglichen.

Allen Lesern, die Anregungen für diese Neubearbeitung gaben, möchte ich meinen Dank aussprechen.

Prof. H.H. Klinger
Bucheneck 12
2830 Bassum 2

Wichtiger Hinweis

Die in diesem Buch wiedergegebenen Schaltungen und Verfahren werden ohne Rücksicht auf die Patentlage mitgeteilt. Sie sind ausschließlich für Amateur- und Lehrzwecke bestimmt und dürfen nicht gewerblich genutzt werden*).

Alle Schaltungen und technischen Angaben in diesem Buch wurden vom Autor mit größter Sorgfalt erarbeitet bzw. zusammengestellt und unter Einschaltung wirksamer Kontrollmaßnahmen reproduziert. Trotzdem sind Fehler nicht ganz auszuschließen. Der Verlag sieht sich deshalb gezwungen, darauf hinzuweisen, daß er weder eine Garantie noch die juristische Verantwortung oder irgendeine Haftung für Folgen, die auf fehlerhafte Angaben zurückgehen, übernehmen kann. Für die Mitteilung eventueller Fehler sind Autor und Verlag jederzeit dankbar.

*) Bei gewerblicher Nutzung ist vorher die Genehmigung des möglichen Lizenzinhabers einzuholen.

Inhalt

I Allgemeine Grundlagen der Lautsprecherwiedergabe

1 Übertragungsbereich

Der Übertragungsbereich eines Lautsprechers ist der zur Schallwiedergabe nutzbare Frequenzbereich. Man kennzeichnet ihn durch Angabe der unteren und der oberen Grenzfrequenz, bei welchen das *Übertragungsmaß*[1] auf der Bezugsachse (Senkrechte auf der Mitte der Lautsprecheröffnung) um 8 dB gegenüber seinem Höchstwert innerhalb des Übertragungsbereiches gefallen ist. Für HiFi-Wiedergabe muß der Übertragungsbereich mindestens 50 . . . 12 500 Hz betragen. Innerhalb dieses Bereiches muß die gemessene Übertragungskennlinie möglichst linear ohne nennenswerte Überhöhungen und Einbrüche verlaufen.

Nimmt das Übertragungsmaß bzw. der Schallpegel, gemessen in der Bezugsachse des Lautsprechers mit zunehmender Frequenz zu, so empfindet der Hörer die Wiedergabe „hell“, „dünn“ oder „hart“. Weist der Schallpegel die umgekehrte Tendenz auf, nimmt er also mit zunehmender Frequenz ab, so wirkt die Wiedergabe „dumpf“, oder „schwer“, wobei der Eindruck vorhanden ist, daß der Lautsprecher zu wenig Höhen abstrahlt.

Besonders kritisch erweist sich für das Hörempfinden der Übertragungsbereich zwischen etwa 2 . . . 6 kHz. Eine Zunahme des Schallpegels von nur wenigen Dezibel hat hier zur Folge, daß die Wiedergabe „präsent“ wird, d.h. der Hörer erhält den Eindruck, daß der Lautsprecher unmittelbar vor ihm steht, während umgekehrt eine entsprechende Abschwächung des Schallpegels den Eindruck erweckt, daß sich der Lautsprecher in größerem Abstand von ihm befindet. Besonders unangenehm sind die durch Pegelsprünge verursachten Hörempfindungen, wie sie z.B. bei nicht richtig gewählten Übergangsfrequenzen zwischen den einzelnen Lautsprechern einer Kombination oder bei Anwendung von Lautsprechern unterschiedlichen Wirkungs-

1) Das Übertragungsmaß ist proportional dem Schalldruck, den der Lautsprecher in 1 m Abstand auf der Bezugsachse erzeugt. Eine genaue Definition für das Übertragungsmaß gibt DIN 45 570, Blatt 1.

grades entstehen können. Nimmt z.B. der Schalldruck im mittleren Frequenzbereich zwischen etwa 400 Hz . . . 4 kHz mit zunehmender Frequenz ab, während er bei höheren Frequenzen plötzlich ansteigt, so treten die hohen Töne unnatürlich aus dem Klangbild hervor.

2 Richtcharakteristik

Zur Beurteilung der Qualität eines Lautsprechers reicht dessen Übertragungskurve allein nicht aus. Die vom menschlichen Gehör empfundene Wiedergabeeigenschaft eines Lautsprechers hängt außerdem von dessen *Richtkennlinie* ab, d.h. vom Verlauf des Schallpegels bei verschiedenen Frequenzen als Funktion des Winkels zur Bezugsachse. Man gibt die Richtkennlinie von Lautsprechern in Polardiagrammen an.

HiFi-Lautsprecher sollen möglichst ungerichtet Schall strahlen, und zwar nicht nur bei tiefen Frequenzen, sondern auch bei hohen Frequenzen. Das ist aber unter Anwendung eines einzigen Lautsprechersystems nicht oder nur sehr begrenzt möglich. Wird nämlich die Wellenlänge des von der Lautsprechermembran abgestrahlten Schalles vergleichbar mit ihrer Flächenausdehnung, so werden infolge von Beugung und Interferenz die Schallwellen in bestimmten Richtungen verstärkt, während sie sich in anderen Richtungen teilweise oder ganz auslöschen. Wird die Schallwellenlänge schließlich kleiner als die Flächenausdehnung der Lautsprechermembran, so tritt eine Bündelung der Schallenergie in Richtung senkrecht zur strahlenden Membranfläche (Bezugsachse) ein. Z.B. benötigt man zur Abstrahlung einer Frequenz von 2 kHz eine Membran mit einem Durchmesser von weniger als 17 cm und von 8 kHz von weniger als 4,2 cm, damit noch keine Bündelung zustande kommt. Man sieht, daß es unter Anwendung eines einzigen Lautsprechers, der eine großflächige Membran hat, wie sie zur Tieftonwiedergabe benötigt wird, nicht möglich ist, eine gleichmäßige Richtkennlinie bei allen Frequenzen herzustellen.

In Wirklichkeit sind die Erscheinungen noch verwickelter. Als beugendes Objekt ist nämlich nicht allein nur das Lautsprecherchassis wirksam, sondern auch das Lautsprechergehäuse (Box). Bei tiefen Frequenzen unterhalb etwa 300 Hz, wo die Gehäuseabmessungen klein gegen die Wellenlänge sind, werden die Schallwellen um das Gehäuse herum gebeugt und es kommt ein annähernd kreisförmiges Richtdiagramm zustande, also eine diffuse Strahlung. Bei hohen Frequenzen, oberhalb etwa 3 bis 4 kHz, wird der Schall mit zunehmender Frequenz immer mehr in Richtung senkrecht zur Lautsprecherschallwand bzw. Lautsprechermembran gebündelt. In dem dazwischen liegenden Übertragungsbereich zwischen etwa 300 Hz und 4 kHz haben die Gehäuseabmessungen und die Wellenlänge der Schallschwingungen die gleiche Größenordnung. Als Folge hiervon kommen ausgeprägte Schallpegelschwankungen seitlich von der Lautsprecherbezugsachse durch *Beugung* und *Interferenz* zustande, wobei das Richtdiagramm in mehrere Lappen oder Zipfel aufspaltet. Lage und Zahl der Nebenzipfel hängen von der Frequenz ab. Gleichzeitig nimmt innerhalb dieses Frequenzbereiches der axiale Schalldruck mit zunehmender Frequenz um 6 dB/Oktave bei konstanter abgestrahlter Leistung zu.

3 Nichtlineare Verzerrung, Intermodulation

Bei nichtlinearen Verzerrungen entstehen Obertöne (Oberschwingungen), die im Originalschall nicht enthalten sind. Hervorgerufen werden sie durch nichtlineare Glieder innerhalb der Übertragungskette. Man spricht von Intermodulationsverzerrungen oder kurz *Intermodulation.*

Für die Intermodulation spielen nicht nur die Obertöne eine Rolle, sondern auch die durch das Zusammenwirken mehrerer Grundtöne entstehenden Kombinationstöne (Summen- und Differenztöne)

$$f = m \cdot f\,1 \pm 2 \cdot f\,2;\ m, n = 0, 1, 2, 3 \ldots \text{usw.}$$

wobei f 1 und f 2 die Frequenzen der Grundtöne sind. Sowohl die beiden Grundtöne liefern miteinander Schwebungen und erzeugen durch Nichtlinearitäten die Schwebungsfrequenzen f 1 . . . f 2 als auch jeder Oberton (Harmonische) der einzelnen Grundtöne bildet mit jedem anderen Grundton und dessen Obertönen seinerseits Schwebungen. Im einfachsten Fall, wenn nur zwei Grundtöne mit den Frequenzen f 1 und f 2 im Spiel sind, entstehen durch Intermodulation zusätzlich die neuen Frequenzen (Seitenbänder)

$$f\,2 \pm f\,1;\ f\,2 \pm 2\,f\,1;\ f\,2 \pm 3\,f\,1; \ldots \text{usw.}$$

Ist z.B. f 1 = 100 Hz und f 2 = 4000 Hz, so ergibt eine Intermodulation zusätzlich die neuen Frequenzen 4 100 Hz und 3900 Hz, 4200 Hz und 3800 Hz, 4300 Hz und 3700 Hz. Im allgemeinen liegen die Kombinationstöne sehr unharmonisch im Gesamtklang und machen sich daher besonders unangenehm bei der Lautsprecherwiedergabe bemerkbar.

4 Phasenverzerrung und Klangverfälschung

Phasenverzerrungen liegen vor, wenn die Phase zwischen dem eingespeisten elektrischen Signal und dem vom Lautsprecher abgestrahlten akustischen Signal von der Signalfrequenz abhängt. Zwischen dem Phasenverlauf und dem Amplitudenverlauf von Übertragungskennlinien besteht ein unmittelbarer Zusammenhang: Maxima und Minima in der Amplitudenkennlinie äußern sich nämlich in einem Umbiegen der Phasenkennlinie und umgekehrt. Zum Beispiel entspricht einer Änderung der Amplitude um 6 dB/Oktave eine Phasenverschiebung von 90°, eine Abnahme der Amplitude um 12 dB/Oktave hat eine Phasenverschiebung von 180° zur Folge, um 18 dB/Oktave 270° und um 24 dB/Oktave von 360°.[1)]

Bei der Lautsprecherwiedergabe können Phasenverzerrungen aus sehr verschiedenen Gründen zustande kommen. Zum Beispiel können bei einer Lautsprecherkombination, die aus Tief-Mittel- und Hochtöner besteht, die akustischen Zentren der drei Lautsprecher nicht in der gleichen akustischen Ebene liegen (*Abb. 1a*). Diese Position der drei Lautsprecher entspricht der üblichen Anordnung auf Schallwänden von Lautsprecherboxen. Bei dieser Anordnung weist die Kombination Phasenverzerrungen auf, denn die von den einzelnen Lautsprechern ausgehenden Signale durchlaufen verschiedene lange Wegstrecken zum Ort des Hörers. Es entstehen also Laufzeitunterschiede, die sich im Phasenverhalten äußern. Die Phasenkennlinie hat dann keinen linearen Verlauf. Die Lautsprecherkombination würde – vorausgesetzt, daß die Lautsprecher selbst und die Frequenzweiche keine Phasenfehler aufweisen – phasenlinear, wenn die drei Lautsprecher vertikal

---

1) H. Møller, Loudspeaker phase measurements, transient response and audible quality. Brüel & Kjaer application notes.

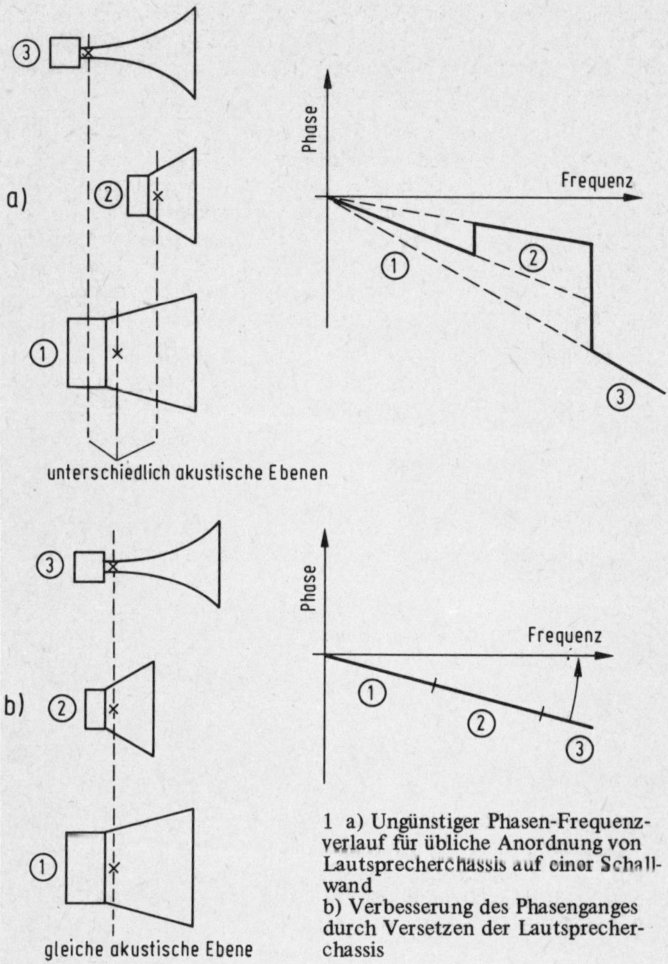

1 a) Ungünstiger Phasen-Frequenzverlauf für übliche Anordnung von Lautsprecherchassis auf einer Schallwand
b) Verbesserung des Phasenganges durch Versetzen der Lautsprecherchassis

so übereinander auf der Schallwand montiert werden, daß deren akustische Zentren in der gleichen Ebene liegen (*Abb. 1b*). Unter diesen Voraussetzungen würde die Phasenkennlinie linear verlaufen. Leider läßt sich dieser Idealfall in der Praxis kaum verwirklichen, weil sowohl die Lautsprechersysteme selbst als auch die Frequenzweiche Phasenverzerrungen haben. Die in Werbeschriften angegebene Bezeichnung „Phasenlineare Lautsprecherbox“ ist lediglich ein Wunschtraum.

Daß Phasenverzerrungen zu hörbaren Klangverfälschungen Anlaß sein können, erläutert ein einfaches Beispiel. Treffen z.B. die Bässe einer Kesselpauke bei der Lautsprecherwiedergabe früher ein als die mittleren Tonfrequenzen, so hat man den Eindruck einer „bumsenden“ Wiedergabe. Treffen umgekehrt die mittleren Frequenzen zuerst am Hörerort ein, so entsteht der Eindruck eines „scharfen“ oder „spitzen“ Klangbildes[1]. Es liegt eine Klangverfärbung vor.

Es ist möglich eine Frequenzweiche so auszulegen, daß ihre Phasenverzerrung diejenigen von Lautsprecherchassis und Lautsprechergehäuse exakt kompensiert. Frequenzweichen mit dieser Eigenschaft nennt man *Akustische Frequenzweichen* bzw. *Akustische Butterworth-Filter* (Kap. VII, 7).

Am klarsten und schnellsten läßt sich das Übertragungsverhalten eines Lautsprechers aus dessen kumulativen Zerfallsspektrum[1] ersehen, das das Frequenz- und Zeitverhalten bei impulsförmiger Anregung in dreidimensionaler Darstellung liefert. Hierbei werden kurzzeitige Rechteckimpulse, die also sämtliche Frequenzen enthalten, von dem zu untersuchenden Lautsprecher abgestrahlt und von einem Meßmikrofon aufgenommen. Die einzelnen Impulse werden in gleichförmigen Zeitabständen wiederholt, gespeichert und dann von einem Computer ausgewertet. Aus dem sich ergebenden kumulativen Zerfallsspektrum läßt sich das Ausschwingverhalten des Lautsprechers in Bezug auf Amplitude, Zeit und Frequenz in drei Dimensionen schnell und eindeutig entnehmen. Diese Methode eignet sich nicht nur zur Untersuchung einzelner Chassis sondern auch von Lautsprecherboxen. Als Beispiel zeigt *Abb. 2* das kumulative Zerfallsspektrum eines (guten) Mitteltonchassis. Kumulative Zerfallsspektren gestatten nicht nur qualitative Aussagen über einzelne Laut-

---

1) Der Leser möge sich an diesen physikalisch irrealen Bezeichnungen nicht stören!

1) J.M. Berman u. L.R. Fincham, The Application of Digital Techniques to the Measurement of Loudspeakers. J. Audio Emgr. Soc. Vol. 25, 1977, S. 370-384

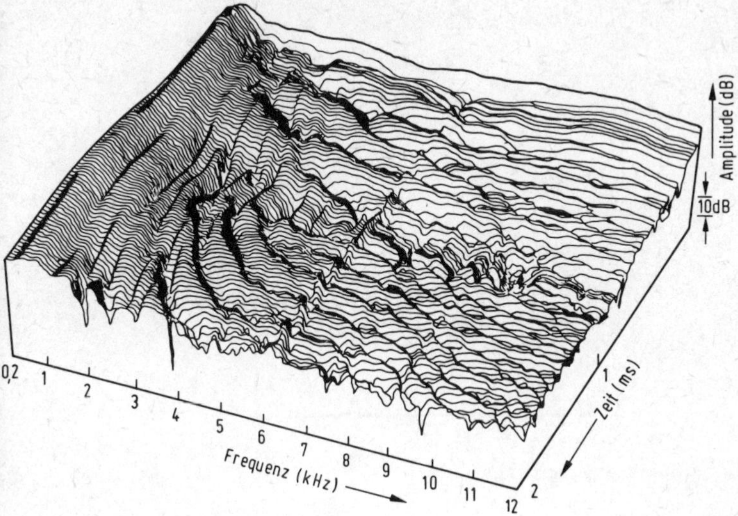

2 Kumulatives Zerfallspektrum eines Kalotten-Mitteltonlautsprechers (Modell LPKM 130/50/120 T von ITT Standard Elektrik Lorenz AG)

sprecher und Lautsprecherchassis, es lassen sich mit ihnen auch interne Reflexionen in Boxen analysieren.

5 Beugung und Interferenz

Einen sehr wesentlichen Einfluß hat auf die Lautsprecherwiedergabe der Vorgang der *Beugung* und *Interferenz.* Im Prinzip handelt es sich darum, daß Schallwellen der gleichen Frequenz unterschiedlich lange Wege zum Hörer zurück legen, wobei sich je nach Phase die eintreffenden Wellenzüge dort entweder verstärken oder schwächen. Zum Beispiel werden bei einem Lautsprechergehäuse an Kanten und Ecken durch die vom Chassis ausgehenden Primärwellen Sekundärwellen angeregt, die sich einander überlagern und je nach Phase am Hörerort verstärken

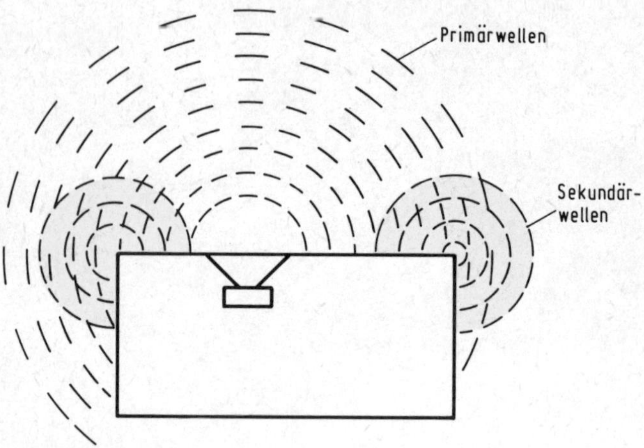

3 Schallbeugung an Gehäuseecken

oder schwächen. (*Abb. 3*). Am Ort des Hörers ergeben sich je nach Gangunterschied frequenz-selektive Überhöhungen und Einbrüche in der Übertragungskennlinie des Lautsprechers. Gleichzeitig wird durch diesen Mechanismus das Ein- und Ausschwingverhalten (transient response) des Lautsprechers verschlechtert, indem die vom Chassis ausgehenden Primärwellen etwas früher eintreffen als die zeitlich später angeregten Sekundärwellen. Dadurch wird die Wiedergabe impulsförmiger Töne, um die es sich bei Musikwiedergabe in der Regel handelt, verschmiert. Beugung und Interferenzeffekte an den Kanten von Lautsprecherboxen sind daher eine häufige Ursache für Klangverfälschungen und ungünstiges Impulsverhalten. Durch Abrunden der Gehäusekanten oder Abschrägen läßt sich diese Störung mildern und die Übertragungskennlinie linearisieren. Auch durch eine schallschluckende Gehäuseoberfläche kann die Übertragungskennlinie linearisiert und das Impulsverhalten der Lautsprecherbox verbessert werden[1].

---

1) J.M. Kates, Loudspeaker Cabinet Reflection Effects. J. Audio Engr. Soc. Vol. 27, 5 (1979) S. 338-350

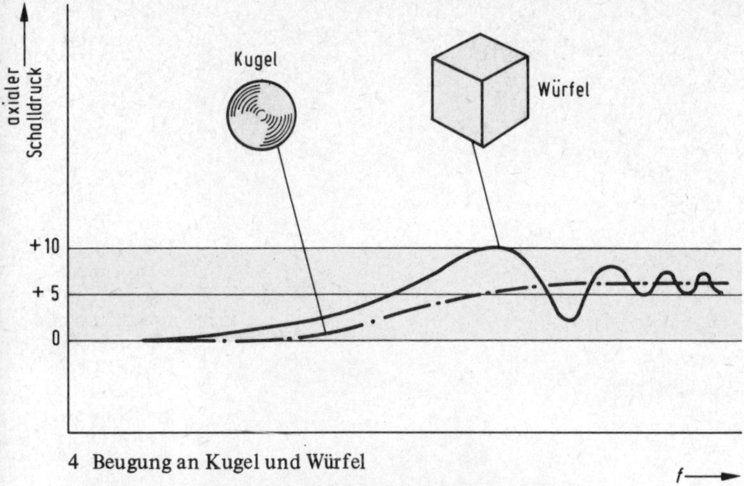

4 Beugung an Kugel und Würfel

5 Kugelbox mit KEF B 110-Chassis

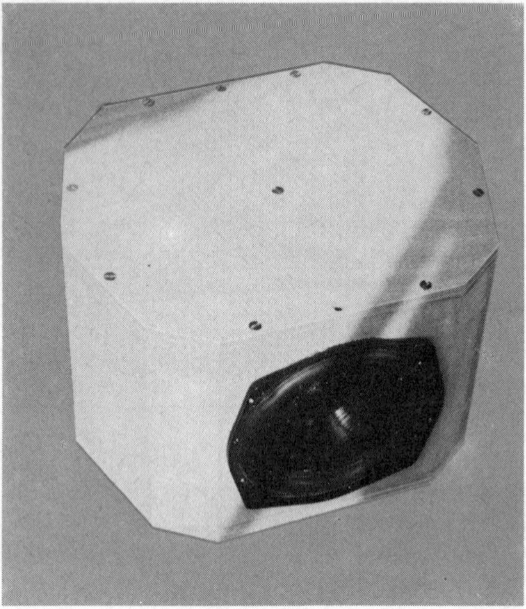

6 Mittelton-Lautsprechergehäuse mit abgeschrägten Wänden mit KEF B 110-Chassis (Bauzeichnung RPB 311)

Wie sich Beugung und Interferenz auf die Übertragungskennlinie einer punktförmigen Schallquelle in einem kugelförmigen und in einem kastenförmigen Gehäuse auswirkt, veranschaulicht *Abb. 4.* Man sieht, daß die Übertragungskurve für die Kugelbox glatt verläuft, weil hier die Schallwellen gleichförmig um die Kugel herum gebeugt werden, während die Übertragungskurve der Kastenbox unregelmäßig mit wechselnden Überhöhungen und Einbrüchen des Schalldrucks verläuft infolge ausgeprägter Interferenzeffekte an den Gehäusekanten. *Abb. 5* zeigt die Ausführung einer Kugelbox. Einfacher herzustellen sind Gehäuse mit abgeschrägten und/oder abgerundeten Kanten. Zwar sind sie nicht so gut wie Kugelboxen, jedoch besser als kastenförmige Gehäuse. *Abb. 6* zeigt eine solche Mittelton-Box.

Interferenz kommt auch zustande, wenn die gleiche Frequenz von zwei oder mehreren Lautsprechern gleichzeitig abgestrahlt wird. Wenn die beiden Schallquellen dabei horizontal nebenein-

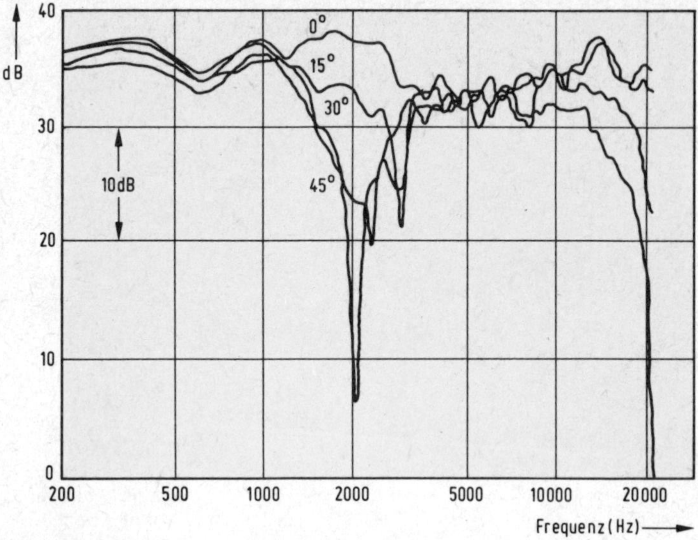

7 Übertragungskurven einer Regal-Zweiwegbox unter verschiedenen Meßwinkeln in horizontaler Ebene in 1 m Abstand gemessen (nach Cooke)

ander sitzen, kommt es in der Horizontalebene zu ausgeprägten Interferenz-Einbrüchen des Schalldruckverhaltens am Ort des Hörers, sobald der Gangunterschied zwischen den Schallwellen gleicher Frequenz von den beiden Chassis eine halbe Wellenlänge oder ein ungeradzahlig Vielfaches hiervon beträgt. Ein Beispiel ist in *Abb. 7* dargestellt. Es zeigt Übertragungskurven für eine Zweiwegbox mit einem horizontal nebeneinander montierten Tief-Mittelton-Chassis und einem Hochtonchassis in horizontaler Ebene in 1 m Abstand gemessen[1]. Im Frequenzbereich zwischen 2 kHz und 3 kHz, also im Bereich der Übernahmefrequenz, kommen ausgeprägte Einbrüche in den Übertragungskurven zustande. Diese rufen Klangverfälschungen bei der Lautsprecherwiedergabe hervor. Ähnliche Wirkungen haben auch Phasenverschiebungen, die durch falsch ausgelegte Frequenzweichen verursacht werden.

---

1) R.E. Cooke, Misleading Loudspeaker measurements. Hi-Fi News & Record Review, October 1976, S. 80-85

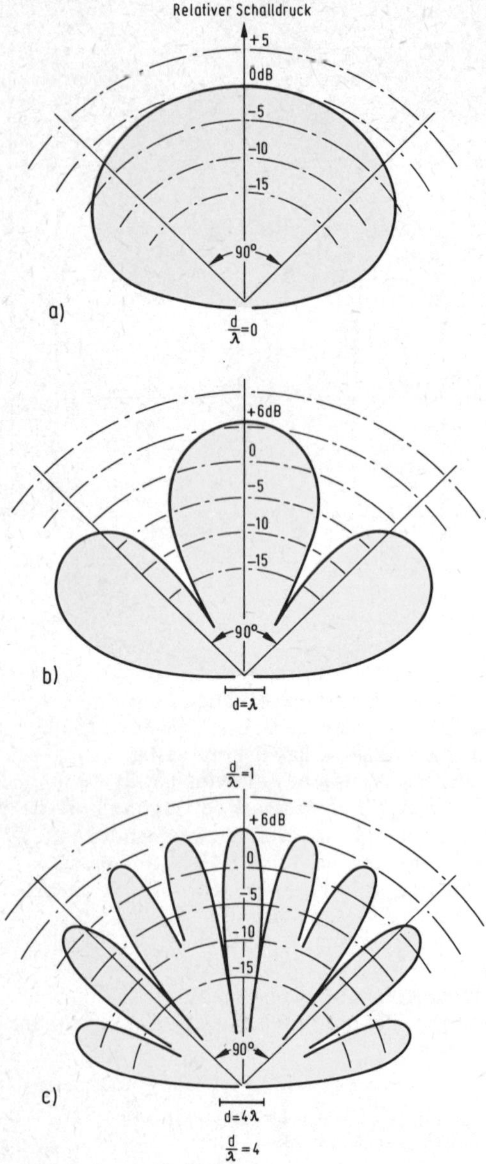

8 Polare Richtdiagramme für a) einen Einzelstrahler, b) zwei Strahler im Abstand d = λ, c) zwei Strahler im Abstand d = 4 λ, die alle gleiche Frequenzen aussenden

Werden die einzelnen Chassis einer Lautsprecherkombination, die gleiche Frequenzen abstrahlen, nicht horizontal nebeneinander sondern vertikal übereinander angeordnet, so machen sich Interferenzstörungen nur in der vertikalen Ebene, nicht aber in der für das Hören wichtigeren Horizontalebene bemerkbar. Der Hörer soll in einer Höhe sitzen, daß die von den beiden Chassis ausgehenden Wellen zu ihm gleich lange Wege durchlaufen.

Bei der Montage zweier Chassis, die gleiche Frequenzen abstrahlen, spielt auch der Abstand zwischen ihnen eine Rolle. Nach Möglichkeit soll dieser Abstand so klein als möglich sein. *Abb. 8* veranschaulicht, wie sich das Strahlungsdiagramm ändert, wenn a) ein einzelnes Chassis, b) zwei Chassis im Abstand der Größe der Wellenlänge ($d = \lambda$), c) zwei Chassis im Abstand von vier Wellenlängen ($d = 4\lambda$) nebeneinander gesetzt werden[1]. Mit zunehmenden Abstand der beiden Chassis spaltet das Strahlungsdiagramm in immer mehr Zipfel auf.

Einbrüche und Überhöhungen in den Übertragungskurven von Lautsprecheranlagen kommen durch Interferenz auch bei der Schallreflexion an Wänden und anderen Objekten des Abhörraumes zustande. Es ist daher nicht zweckmäßig, Lautsprecher mit diffus strahlenden Lautsprechern (Kalottenlautsprecher) zu verwenden, wenn der Abhörraum akustisch harte Wände aufweist. Die durch Reflexionen an den Wänden verursachten Interferenzstörungen unterbinden eine gute Stereowiedergabe. Auch zeigt es sich, daß unter solchen Abhörbedingungen verschiedene Instrumente, wie z.B. Geigen „hart“ erscheinen.

6 Schalldruck und Schallpegel

Die Stärke eines Schalleindrucks (Intensität) wird meist durch den *Schalldruck* p ausgedrückt. Man versteht darunter den durch die Schallschwingung verursachten Wechseldruck. Seine Einheit ist das Mikrobar (μb). Es ist $\mu b = 0{,}1\ N/m^2$. In der Praxis versteht

---

1) S. Linkwitz, Loudspeaker System Design, Wireless World, May 1978

man unter dem Schalldruck im allgemeinen dessen Effektivwert p_{eff}, der mit der Schalldruckamplitude p_o durch die Formel

$$p_{eff} = \frac{p_o}{\sqrt{2}} \quad (1)$$

verknüpft ist. Nach DIN 45 500 muß ein Lautsprecher, der die Mindestforderung der HiFi-Norm erfüllt, einen Schalldruck von mindestens 12 μb (Schallpegel von 96 dB) in 1 m Entfernung bzw. 4 μb (86 dB) in 3 m Abstand im freien Schallfeldhalbraum erzeugen können. Die dazu notwendige Leistung nennt man die Betriebsleistung.

Der *Schallpegel* ist der im logarithmischen Maß gemessene Schalldruck bezogen auf die Hörschwelle, d.h. den kleinsten vom Ohr wahrnehmbaren Schalldruck $2 \cdot 10^{-4}$ μb bei der Frequenz 1 kHz. Nach Definition ist der Schallpegel

$$L = 20 \lg \frac{p_{eff}}{2 \cdot 10^{-4}} \text{ dB} \quad (1a)$$

Die Einheit dB (Dezibel) ist keine echte Maßeinheit, sondern sie kennzeichnet lediglich eine Rechenvorschrift. Der Faktor 20 ist eingeführt, damit die Schallpegel im rechnerisch bequem zu handhabenden Zahlenbereich liegen.

7 Strahlungswiderstand

Bei allen Strahlungsvorgängen spielt der sogenannte *Strahlungswiderstand* eine wichtige Rolle. Das gilt für die Funktechnik in gleicher Weise wie für die Akustik. Z.B. hat eine Antenne, wie sie zur Ausstrahlung von Radiowellen (UKW–Rundfunk, Fernsehen) verwendet wird, einen bestimmten Strahlungswiderstand. Bei der Ausstrahlung werden die elektromagnetischen Schwingungen in der Antenne ebenso stark gedämpft wie es der Fall sein würde, wenn ein Ohmscher Widerstand von entsprechender Größe im Strombauch der Antenne liegt. Analoges trifft für die Abstrahlung von Schall von einer Lautsprechermembran zu. Hierbei verliert die Schallquelle Energie, so daß man ihr einen akustischen

Strahlungswiderstand zuordnen kann. Je größer dieser Strahlungswiderstand ist, desto wirkungsvoller wird Schall abgestrahlt und desto größer ist der Wirkungsgrad bei der Schallerzeugung.

8 Nennbelastbarkeit

Die Nennbelastbarkeit eines Lautsprechers bzw. einer Lautsprecherkombination gibt die optimal zulässige Dauerbelastbarkeit an, die einem Lautsprecher schadenfrei im Dauerbetrieb zugeführt werden kann. Im eingebauten Zustand kann ein bestimmter Lautsprecher im allgemeinen einer größeren Belastbarkeit ausgesetzt werden als das nackte System. Das gilt insbesondere für Tieftonchassis, das in einer Lautsprecherkombination der höchsten Belastung ausgesetzt ist. Bisweilen wird von Herstellern die Musikbelastbarkeit statt der Nennbelastbarkeit angegeben. Diese bezieht sich auf kurzzeitig zu verarbeitende Leistungen (Watt), die dem betreffenden Lautsprecher ohne hörbare Verzerrungen zugeführt werden kann. Die Musikbelastbarkeit ist praktisch ohne Interesse.

II Dynamische Lautsprecher

Die Aufgabe eines Lautsprechers ist es, die von einem Verstärker angebotene Signalleistung in Schall umzuwandeln. Je nach dem zugrunde liegenden Wandlerprinzip ist das auf verschiedene Weise möglich. Die wichtigste Art von Lautsprechern sind dynamische Lautsprecher, die es in Form von Tiefton-, Mittelton- und Hochtonlautsprechern in verschiedenen Ausführungen gibt.

1 Prinzip und Wirkungsweise

Abb. 9 zeigt das Prinzip vom Aufbau eines dynamischen Tieftonlautsprechers. Die aus Pappguß oder Kunststoff bestehende konusförmige Lautsprechermembran ist an ihrem Rand leicht beweglich in einem Chassiskorb aufgehängt. An der Konusspitze befindet sich eine Tauchspule (Schwingspule), die in den ringförmigen Luftspalt eines Topfmagneten eintaucht und die in ihm

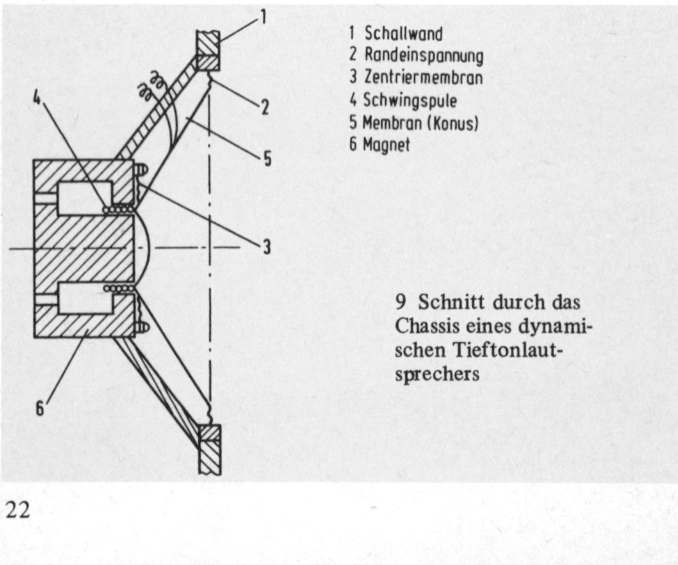

9 Schnitt durch das Chassis eines dynamischen Tieftonlautsprechers

von einer Zentriermembran, die meist aus einem kunstharzgetränkten Gewebe besteht, zentriert wird. Die Randeinspannung der Membran am Chassiskorb ist entweder ein weicher Belag aus PVC oder Gummi, Leder, ein Schaumstoffring, eine Vliesstoffsicke oder ein Ring aus dem Membranstoff mit eingepreßten Sicken.

Wird die Tauchspule vom tonfrequenten Strom der Stärke i durchflossen, so tritt das mit diesem Strom verknüpfte Magnetfeld in Wechselwirkung mit dem statischen Magnetfeld des Topfmagneten. Hat das statische Magnetfeld die Induktion B, so wird auf die Tauchspule hierbei eine axial gerichtete Kraft

$$F = B \cdot i \cdot l \qquad (3)$$

(l = Windungslänge der Tauchspule) ausgeübt. Der mit der Tauchspule starr verbundene Konus wird durch die auftretende Wechselkraft in entsprechend axiale Bewegungen versetzt, wodurch in der angrenzenden Luft Dichteschwankungen hervorgerufen werden.

Zusammen mit seiner Masse, den Rückstellkräften und Reibungswiderständen bildet die Membran ein schwingfähiges System, dessen Resonanzfrequenz

$$\omega_o = \sqrt{\frac{D}{m}} \qquad (4)$$

von seiner Masse und der Steife D der Federung abhängt. Die antreibende Kraft F erregt in diesem System Schwingungen mit der Schnelle

$$v = \frac{F}{\sqrt{R^2 + (\omega_m - D/\omega)^2}} \qquad (5)$$

Die Größe R kennzeichnet den Reibungswidersfand des schwingenden Systems. Die Schnelle $v = x_o \cdot \omega$ ist das Produkt aus der Amplitude x_o der Membranauslenkung und der antreibenden Frequenz ω. Für den Fall der aperiodischen Dämpfung des Systems, den man in der Regel anstrebt, ergeben sich für

Frequenzen oberhalb und unterhalb der Resonanzfrequenz die folgenden Näherungsbeziehungen

$$v = \frac{F}{\omega \cdot m} \text{ für } \omega \gg \omega_o \tag{6}$$

$$v = \frac{F \cdot \omega}{D} \text{ für } \omega \ll \omega_o \tag{7}$$

Die von der Membran abgestrahlte Schalleistung P_{ak} ist dem Quadrat der Schnelle v und dem Strahlungswiderstand Z_s proportional

$$P_{ak} = \frac{1}{2} Z_s \cdot v^2 \tag{8}$$

Der Strahlungswiderstand ist, wie früher dargelegt wurde, ein Maß für die Abgabe von Schallenergie durch den Lautsprecher. Unter der Voraussetzung, daß die Schallwellenlänge groß gegen den Membrandurchmesser 2 r ist, berechnet sich der Strahlungswiderstand näherungsweise zu

$$Z_s = \frac{2 \pi \rho}{c} r^4 \cdot \omega^2 \tag{9}$$

wobei c die Schallgeschwindigkeit in Luft (c = 340 m/s) und ρ die Dichte der Luft sind. Führt man in (8) für v und Z_s die Gleichungen (6, 7) ein, so ergibt sich für Frequenzen oberhalb der Resonanzfrequenz für die Schalleistung

$$P_{ak} = \frac{\pi \cdot \rho}{c} r^4 \cdot \frac{F^2}{m^2} \tag{10}$$

und für Frequenzen unterhalb der Resonanzfrequenz

$$P_{ak} = \frac{\pi \cdot \rho}{c} r^4 \cdot \frac{F^2}{D^2} \cdot \omega^4 \tag{11}$$

Oberhalb der Resonanzfrequenz ist die akustische Leistung unabhängig von der Frequenz, während sie unterhalb der Resonanzfrequenz mit der 4ten Potenz der Frequenz bzw. um 12 dB pro Oktave abnimmt. Unterhalb der Resonanzfrequenz wird praktisch kein Schall mehr abgestrahlt. Dynamische Lautsprecher, die tiefe Töne wiedergeben sollen, müssen also eine möglichst tiefe Eigenresonanz sowie große Membranflächen aufweisen. Daß außerdem der Einbau des Treibers in eine Schallführung zur Abstrahlung tiefer Töne notwendig ist, wurde bereits erwähnt.

Abb. 10 veranschaulicht den grundsätzlichen Verlauf der Übertragungskennlinie eines dynamischen Lautsprechersystems. Im Bereich A ist die erzeugte Schalleistung frequenzabhängig, die mit abnehmender Frequenz um 12 dB/Oktave abnimmt. Im Resonanzbereich B wird die abstrahlbare Leistung von der Gesamtdämpfung des Lautsprechersystems bestimmt. Im Bereich C ist die entstehende Schalleistung unabhängig von der Frequenz. Im Bereich D nimmt die Schalleistung mit 12 dB/Oktave mit zunehmender Frequenz ab. Da mit zunehmender Frequenz der Schall eine zunehmende Bündelung in der Bezugsachse erfährt, wird der Abfall an Schalleistung zum Teil dadurch aufgehoben, so daß erst bei hohen Frequenzen die Schalleistung in der Lautsprecherbezugsachse abfällt.

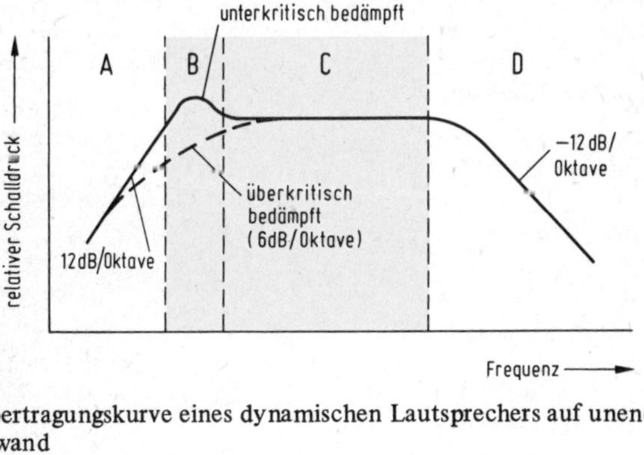

10 Übertragungskurve eines dynamischen Lautsprechers auf unendlicher Schallwand

Nach (9) nimmt der Strahlungswiderstand mit dem Quadrat der Frequenz zu, ist also bei tiefen Frequenzen dementsprechend sehr klein. Um eine frequenzunabhängige konstante Schalleistung herzustellen, müßte die Membranschnelle v mit $1/\omega$ zunehmen. Wegen $v = A \cdot \omega$ müßte die Amplitude A der Membranauslenkung mit $1/\omega^2$ wachsen. Die Amplitude darf jedoch einen bestimmten Wert nicht überschreiten, damit die Tauchspule den Bereich homogenen magnetischen Flusses im Ringspalt des Topfmagneten nicht verläßt. Würde die Tauchspule aus dem homogenen Feldbereich des Topfmagneten heraustreten, würden nichtlineare Verzerrungen (Intermodulation) entstehen, weil die auslenkende Kraft für die Tauchspule dann nicht mehr proportional der Stromstärke in der Tauchspule sein würde. Um die hierdurch bedingten Intermodulationsverzerrungen so klein als möglich zu halten, verwendet man bei Tieftonlautsprechern Tauchspulen mit großer Eintauchtiefe, die auch bei größeren Amplituden den homogenen Feldbereich des Topfmagneten nicht verlassen.

2 Topfmagnet

Der Topfmagnet ist bei einem Tiefton-Lautsprecher das teuerste Bauelement. Das technische Problem besteht darin, möglichst viel magnetische Feldenergie im schmalen Ringspalt des Magneten zu konzentrieren. Je stärker das Magnetfeld im Luftspalt zwischen den Polschuhen ist, desto wirksamer kann die Tauchspule und mit ihr die Lautsprechermembran vom tonfrequenten Wechselstrom in der Tauchspule angetrieben werden.

Man gibt die Stärke des Magnetfeldes im Ringspalt durch die Luftspaltinduktion B_L an, die man in der Einheit Tesla mißt. ($1 \text{ Tesla} = 1 \text{ T} = 1 \text{ Vs/m}^2$). Die magnetische Luftspaltenergie berechnet sich nach der Formel

$$W_L = \frac{B_L^2 \cdot V_L}{8\pi \cdot 10^{-7}} \tag{12}$$

W_L = Magnetische Luftspaltenergie (Ws)
B_L = Luftspaltinduktion (T)
V_L = Luftspaltvolumen (m^3)

Man wird den Luftspalt möglichst eng machen, damit die Luftspaltinduktion B_L bzw. B_L^2 möglichst groß wird. Zu eng darf jedoch der Luftspalt nicht sein, da sich dann die Tauchspule darin nicht mehr ungehindert bewegen kann. Macht man den Luftspalt breiter, so sinkt die Luftspaltinduktion für einen gegebenen Topfmagneten ab. Entsprechend verschlechtert sich der Wirkungsgrad bei der Schallumwandlung. Für die Qualität der Lautsprecherwiedergabe spielt jedoch vor allen Dingen der Einbau des Lautsprecherchassis in eine akustisch geeignete Schallführung bzw. Lautsprecherbox die entscheidende Rolle. Man darf die Qualität eines Lautsprecherchassis auf keinen Fall allein auf Grund seiner Resonanzfrequenz und der Magnetfeldstärke bewerten. Man muß sich darüber klar sein, daß ein Chassis allein keine Tieftonwiedergabe ermöglicht. Erst durch dessen Einbau in ein Tieftongehäuse werden tiefe Töne reproduziert. Lautsprecherchassis und Lautsprechergehäuse sind, was die Abstrahlung tiefer Töne anbelangt, ein integriertes System. Die Qualität der Tieftonwiedergabe hängt daher ganz wesentlich von der Lautsprecherbox ab. Darauf werden wir später näher eingehen.

Eine weitere magnetische Feldgröße, die in den technischen Datenblättern von Lautsprecherchassis genannt wird, ist der magnetische Gesamtfluß. Er ist das Produkt aus der Luftspaltinduktion B_L (T) und der Fläche A (m^2) des Ringspaltes

$$\Phi = B_L \cdot A \qquad (13)$$

und wird in der Maßeinheit Weber (Wb) angegeben (1 Wb = 1 Vs). Häufig wird der magnetische Gesamtfluß noch in der alten Einheit Maxwell angegeben. Es ist

$$1 \text{ Maxwell} = 10^{-8} \text{ Wb bzw. } 1 \text{ Wb} = 10^{8} \text{ Maxwell.}$$

3 Q-Faktor

Der in technischen Datenblättern genannte Q Faktor ist ein Maß für die Dämpfung des schwingungsfähigen Lautsprechersystems bzw. ist er der Dämpfung umgekehrt proportional. Die richtige Größe des Q Faktors ist für ein gegebenes Chassis, das in eine bestimmte Box eingebaut werden soll, bestimmend für die Qualität der Lautsprecherwiedergabe. Man unterscheidet den mechanischen Q Faktor Q_M und den elektrischen Q Faktor Q_E. Der totale Q Faktor eines gegebenen Chassis ist gegeben durch die Beziehung

$$Q_T = \frac{Q_M \cdot Q_E}{Q_M + Q_E} \tag{13 a}$$

Die Größe von Q_T ist aus den technischen Datenblättern ersichtlich. Je nachdem, ob ein gegebenes Chassis in eine geschlossene Box oder in eine Baßreflexbox bzw. in ein anderes Gehäuse eingebaut werden soll, muß der totale Q Faktor bestimmte Werte haben. In der Regel sollten Lautsprecherchassis mit Werten $Q_T > 0{,}4$ nur in geschlossene Gehäuse, mit Werten $< 0{,}4$ nur in Baßreflexgehäuse oder dergl. eingebaut werden.

Einen besseren Hinweis, welches Lautsprecherchassis (Tieftonchassis) in einem bestimmten Lautsprechergehäuse zu verwenden ist, ist aus dem Verhältnis f_R/Q_T (f_R = Resonanzfrequenz des nicht eingebauten Lautsprecherchassis, Q_T = totaler Q Faktor des nicht eingebauten Lautsprecherchassis) zu entnehmen. Hiernach ergeben sich die folgenden Richtlinien:

$\frac{f_R}{Q_T} < 40$ Hz: Chassis für Transmission-Line Boxen

$\frac{f_R}{Q_T} = 40$ Hz . . . 80 Hz: Chassis für geschlossene Gehäuse

$\frac{f_R}{Q_T} = 80$ Hz . . . 120 Hz: Chassis für Baßreflexboxen

$\frac{f_R}{Q_T} > 120$ Hz: Chassis für Exponentialboxen (Hornstrahler)

Beispiele:

$f_R = 27$ Hz, $Q_T = 0{,}28$, $f_R/Q_T \simeq 96$ Hz (Chassis für Baßreflexbox)

$f_R = 28$ Hz, $Q_T = 0{,}44$, $f_R/Q_T \simeq 0{,}64$ (Chassis für geschlossene Box

Der HiFi–Amateur, der eine seinen Wünschen gerecht werdende Lautsprecherbox bauen will, sollte also vor Kauf eines Lautsprecherchassis an Hand dieser Richtlinien untersuchen, welches Chassis zum Einbau in Betracht kommt. Erfüllt das Chassis die Voraussetzungen nicht, ist keine befriedigende Tieftonwiedergabe zu erwarten. Mit der Qualität des Chassis hat das nichts zu tun!

4 Schwingspulenimpedanz

Die Schwingspule eines dynamischen Lautsprechers hat einen ohmschen Widerstand, der bestimmt ist durch die Länge, den Querschnitt und durch das Material des verwendeten Spulenleiters. Wird der Widerstand mit einer Wechselspannung gemessen, so ergibt sich ein Wert, der den ohmschen übersteigt. Der Grund ist, daß die Schwingspule eine bestimmte Induktivität aufweist, wodurch die *Impedanz* (Wechselstromwiderstand) mit höherer Frequenz zunimmt. Die Impedanz der Schwingspule nimmt aber auch deshalb zu, weil in der Spule bei ihrer Bewegung im Magnetfeld des Lautsprechersystems eine Spannung induziert wird, die entgegengesetzt derjenigen gerichtet ist, die dem Lautsprecher von außen vom Verstärker eingespeist wird. Dadurch wird der in der Schwingspule fließende Strom durch die induzierte Spannung geschwächt, was natürlich unerwünscht ist. Mit zunehmender Frequenz wird dieser Effekt stärker und bei konstant gehaltener Spannung nimmt daher der Strom in der Schwingspule in dem Maße ab, wie die Frequenz größer wird. Der scheinbare Spulenwiderstand steigt daher mit der Frequenz der zugeführten Signalspannung. Für Baßlautsprecher wird die Impedanz bei 400 Hz gemessen, während sonst 1000 Hz üblich sind.

Die Impedanz Z der Schwingspule berechnet sich nach der Formel

$$Z = \sqrt{R^2 + (\omega L)^2} \qquad (13\ b)$$

wobei R der Ohmsche Widerstand und L die Induktivität der Schwingspule sowie $\omega = 2\pi f$ die Kreisfrequenz der Signalspannung sind.

Um die Impedanz der Schwingspule möglichst unabhängig von der Frequenz zu machen, umgibt man den mittleren Polschuh, der von der Schwingspule umgeben wird, mit einem Ring oder einer Kappe aus Cu. Die magnetischen Feldlinien, die durch den Stromfluß in der Schwingspule entstehen, erzeugen im Kupfer Ströme, welche die induzierte Gegenspannung vermindern. Dadurch nimmt die Schwingspulenimpedanz nach höheren Frequenzen hin nur noch langsam zu. Alle hochwertigen Lautsprecher weisen dieses Konstruktionsmerkmal auf. Gleichzeitig wird durch die Dämpfung des Cu-Ringes das Ein- und Ausschwingen des Lautsprechers verbessert.

5 Partialschwingungen

Führt man einem dynamischen Lautsprecher genügend tiefe Frequenzen zu, so schwingt der Konus als Ganzes wie ein Kolbenstrahler. Alle Oberflächenelemente der Membran strahlen gleichphasig. Bei höheren Frequenzen jedoch bricht der Konus in Teil- oder *Partialschwingungen* auf, wobei benachbarte Oberflächenelemente der Membran gegenphasig schwingen können. Damit einher gehen selektive Einbrüche und Überhöhungen im Verlauf der Übertragungskennlinie des Lautsprechers, die Klangverfälschungen zur Folge haben.

Die Erscheinungen sind im einzelnen außerordentlich mannigfaltig. Als Beispiel veranschaulicht *Abb. 11* Partialschwingungen einer konusförmigen Papiermembran von etwa 16 cm Durchmesser[1]. Ursache dieser Teilschwingungen sind stehende Wellen, die sich sowohl in radialer als auch in dazu transversaler Richtung auf der Membran ausbilden. So können z.B. vom Hals des Konus Wellen, die dort von der Tauchspule angeregt werden, zum Rand der Lautsprechermembran laufen. Ist die Randeinspannung nicht reflexionsfrei, so überlagern sich die dort reflektierten Wellen mit den hinlaufenden und rufen stehende Wellen hervor. Durch reflexionsfreien Abschluß der Randeinspannung, durch Verwendung eines Membranmaterials von hoher Steife und hoher innerer Dämpfung sowie durch Beschichten des Konus mit einem geeig-

1) M.S. Corrington, Amplitude and Phase Measurements on Loudspeaker Cones, Proc. IRE, Vol. 39 (1951) 1021 . . . 1026

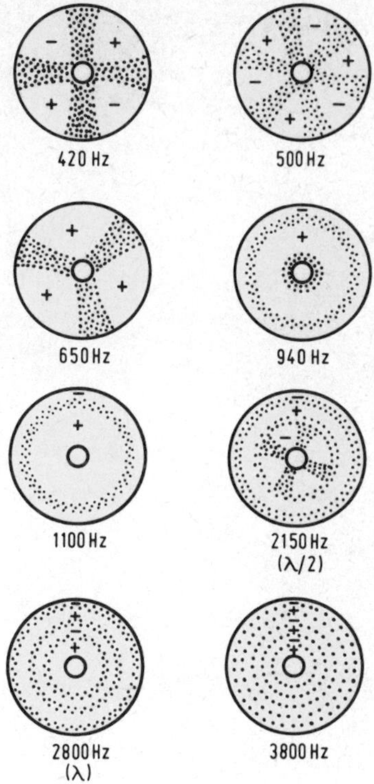

11 Teilschwingungen (Partialschwingungen) einer Membran bei verschiedenen Frequenzen. Die mit + und – bezeichneten Gebiete kennzeichnen gegenphasig schwingende Membranflächen

neten plastischen Überzug lassen sich die Partialschwingungen dämpfen und damit eine verfärbungsfreiere Schallwiedergabe ermöglichen. *Abb. 12* zeigt das Impulsverhalten eines Lautsprechers, wenn seine Membran das eine Mal nicht gedämpft (b) und das andere Mal mit einer Dämpfungsschicht versehen ist a). Als Material zum Aufbau von Lautsprecherkonen, die sich durch hohe Dämpfung und gutes Ein- und Ausschwingverhalten auszeichnen, kommen Bextrene und Polypropylen Copolymer in Betracht, zwei Materialien, die auf Forschungen der BBC (Harwood) zurück gehen.

Konusförmige Membranen neigen darüber hinaus bei größeren Amplituden zu Knickschwingungen mit der halben Anregungs-

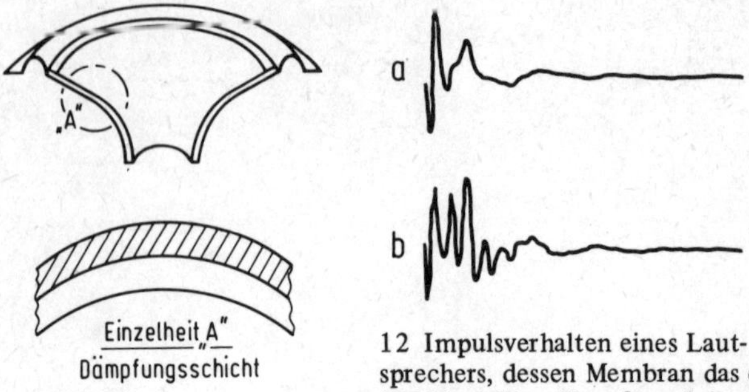

12 Impulsverhalten eines Lautsprechers, dessen Membran das eine Mal b) nicht gedämpft und das andere Mal a) durch eine viskose Lackschicht gedämpft ist.

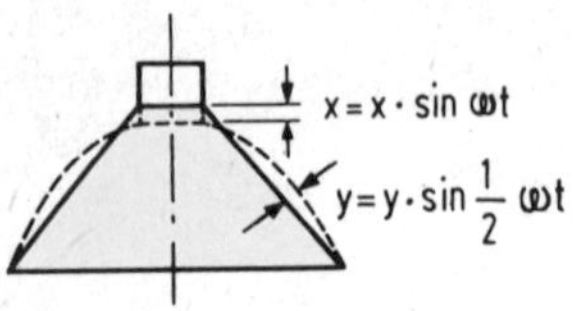

13 Entstehung von „Pseudobässen"

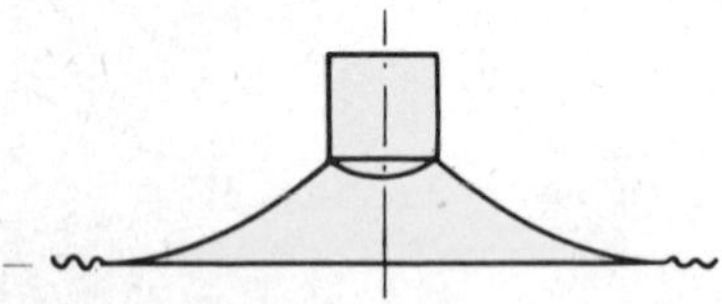

14 Nawi-Membran

frequenz (*Abb. 13*). Während sich die Tauchspule mit dem Hals des Konus periodisch hin und her bewegt, buchtet sich der Konus periodisch mit der halben Frequenz der antreibenden Kraft aus. Dadurch entstehen sogenannte Pseudobässe, die im Originalschall nicht enthalten sind und tiefe Töne vortäuschen, die der betreffende Lautsprecher in Wirklichkeit nicht reproduzieren kann. Um Knickschwingungen zu vermeiden, preßt man die Lautsprechermembran in eine nicht abwickelbare Fläche (Nawi-Membran, *Abb. 14*).

6 Ausführungen und Eigenschaften dynamischer Lautsprecher

a) Tieftonlautsprecher.

Während es bei mittleren und hohen Frequenzen verhältnismäßig einfach ist, genügende Schalleistungen herzustellen, steigt der Leistungsaufwand mit sinkender Frequenz steil an. Nach (8, 9) ist die abgestrahlte Leistung für Frequenzen oberhalb der Resonanzfrequenz des Lautsprechers und für Schallwellenlängen, die groß gegen den Membrandurchmesser sind,

$$P_{ak} = \frac{1}{2} Z_s \cdot v^2 = \frac{\pi \cdot \rho}{c} r^4 \cdot \omega^2 \cdot v^2 \tag{14}$$

Drückt man den Membranradius r durch die Membranfläche A entsprechend $A = \pi r^2$ aus, so geht diese Formel über in

$$P_{ak} = v^2 \cdot A^2 \frac{\omega^2 \cdot \rho}{\pi \cdot c}$$

v = Effektivwert der Membranschnelle
A = effektive Membranfläche
ω = Kreisfrequenz (15)
ρ = Luftdichte
c = Luftschallgeschwindigkeit

Es kann also die maximal mögliche akustische Leistung erhöht werden, wenn die wirksame Membranfläche oder/und die Schwingungsamplitude der Membran vergrößert wird. Einer Vergrößerung der Membranauslenkung sind aber enge Grenzen gesetzt, so daß zur Vergrößerung der Schalleistung bei tiefen Frequenzen praktisch nur eine Vergrößerung der Membranfläche und damit des ganzen Lautsprechers verbleibt.

Dynamische Tieftonlautsprecher zeichnen sich daher durch großflächige Membranen aus. Da unterhalb der Resonanzfrequenz keine Schallstrahlung zustande kommt, weisen sie außerdem besonders niedrige Eigenfrequenzen und zusätzlich hohe magnetische Gesamtflüsse auf. Art und Größe der Box, worin der Lautsprecher eingebaut werden soll, spielen für die Wahl dieser Daten jedoch eine wichtige Rolle.

Dynamische Tieftonlautsprecher lassen sich in zwei Gruppen einteilen, nämlich in solche, die durch relativ harte Membraneinspannung und relativ hohe Eigenfrequenzen ausgezeichnet sind und in jene, die sehr weiche eingespannte Membranen (hohe Nachgiebigkeit der Einspannung) und sehr niedrige Resonanzfrequenzen haben. Chassis mit harter Membraneinspannung sind für den Einbau in Schallwände, große geschlossene Boxen, und Exponentialboxen geeignet[1]. Lautsprecher mit hoher Nachgiebigkeit der Membraneinspannung andererseits arbeiten nach dem Prinzip der *akustischen Aufhängung.* Im Gegensatz zu der zuvor erwähnten Gruppe von Lautsprechern, bei denen die Rückstellkraft des schwingenden Systems durch die Zentriermembran bewirkt wird, wird bei Lautsprechern nach dem Prinzip der akustischen Aufhängung die Rückstellkraft für die Membran durch das Luftkissen der schalldicht geschlossenen Box erzeugt. Solche Tieftonlaufsprecher dürfen nur in relativ kleine geschlossene Boxen (Kompaktboxen) eingebaut werden, nicht dagegen in offene Gehäuse oder in Schallwände. Fehlt nämlich hinter der Lautsprechermembran die erforderliche Luftsteife, so wird die Lautsprechermembran bei tiefen Frequenzen so weit ausgelenkt, daß nicht nur erhebliche nichtlineare Verzerrungen auftreten, sondern es kann die Tauchspule hierbei sogar aus dem Luftspalt im Topfmagnet ganz heraustreten und das System beschädigen werden.

Tieftonlautsprecher mit weich eingespannten Membranen eignen sich auch nicht zur Wiedergabe von Gitarren-, Beat- oder Popmusik. Für diesen Anwendungszweck sind Lautsprecher mit hart eingespannten Membranen prädestiniert. Man sollte also stets *vor* Anschaffung eines Lautsprechers wissen, für welche Anwendungen er vorgesehen ist.

b) Mittel- und Hochtonlautsprecher

Andere Forderungen als an Tieftonlautsprecher werden an Mittel- und Hochtonlautsprecher gerichtet. Bei ihnen ist die Herstellung einer möglichst großen Schalleistung im allgemeinen von zweitrangiger Bedeutung. Das Problem, das sich bei der Wiedergabe mittlerer und hoher Frequenzen stellt, ist die Erzielung einer bei allen Frequenzen des Übertragungsbereiches möglichst gleich-

---

1) Es sind die Einbauempfehlungen Kap. II, 3 zu beachten!

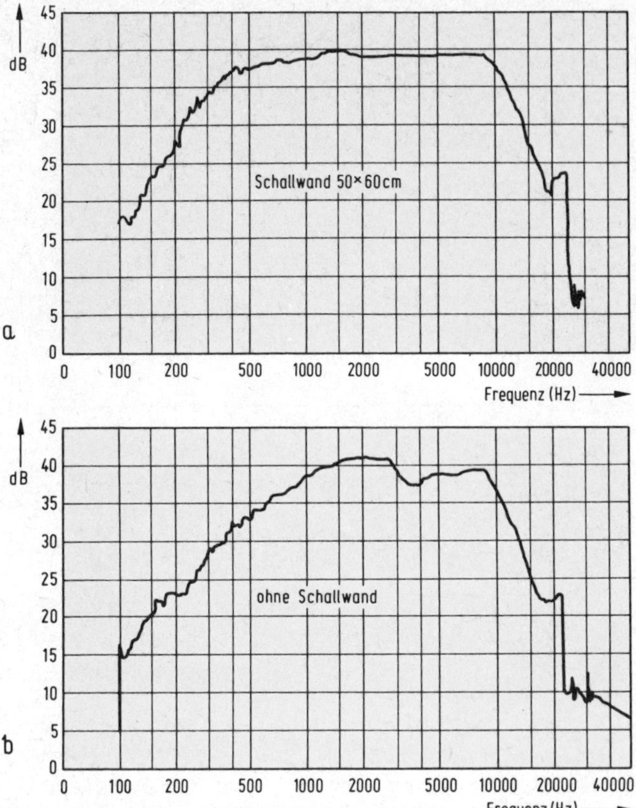

15 Übertragungskennlinien eines Mittelton-Kalottenchassis
a = mit Schallwand, b = ohne Schallwand

artigen Richtcharakteristik (Rundcharakteristik) einerseits und einer verfärbungsfreien, impulsgetreuen Wiedergabe andererseits.

Die Forderungen lassen sich am einfachsten mit Kalottenlautsprechern erfüllen. Wesentlich ist, daß sie richtig auf der Schallwand montiert werden, da sich leicht Störungen durch Interferenz und Beugung der auf verschiedenen Wegen zum Ort

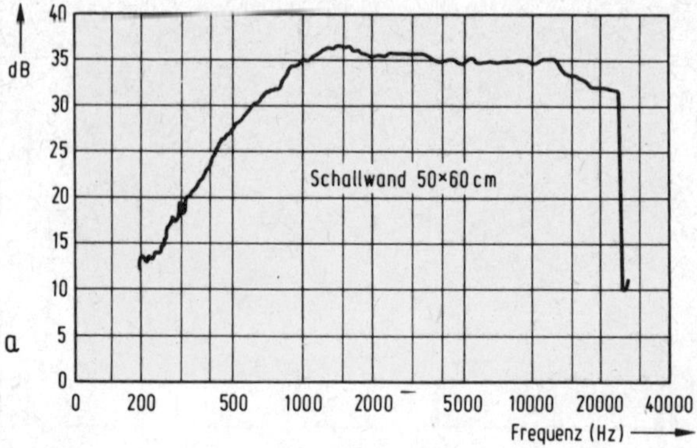

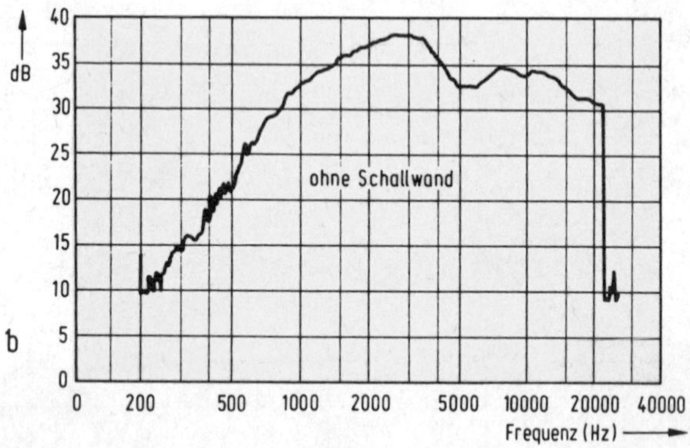

16 Übertragungskennlinie eines Hochton-Kalottenchassis
a = mit Schallwand, b = ohne Schallwand

des Hörers gelangenden Schallwellen ergeben, was zu Unregelmäßigkeiten im Verlauf der Übertragungskennlinie und den damit verknüpften Klangverfälschungen führt. Vor allen Dingen ist darauf zu achten, daß Kalottenlautsprecher nicht in unmittelbarer Nähe von Kanten, Ecken oder sonstiger hervorstehender Objekte montiert werden. Die Systeme sollen bündig mit der Schallwand abschließen, wobei eine asymmetrische Anordnung auf der Schallwand gegenüber einer symmetrischen vorzuziehen ist.

Es ist natürlich unzulässig Kalottenlautsprecher ohne jegliche Schallwand zu betreiben. Das würde nicht nur die untere erzielbare Grenzfrequenz heraussetzen, sondern es treten am nackten System auch Interferenzeffekte auf. Als Beispiel zeigen *Abb. 15* die Übertragungskennlinien eines Mittelton-Kalottenchassis mit und ohne Schallwand und *Abb. 16* die entsprechenden Kennlinien für ein Kalotten-Hochtonchassis.

Nach wie vor werden für mittlere und hohe Frequenzen auch *Konuslautsprecher* eingesetzt. Sie müssen hinreichend kleine Membrandurchmesser haben, denn wie zuvor bereits erörtert wurde, kommt mit zunehmender Frequenz eine immer stärkere Bündelung in der Lautsprecherbezugsachse zustande, sobald die abzustrahlende Wellenlänge die Flächenausdehnung der Membran unterschreitet. Statt des gewünschten runden Richtdiagrammes erhält man einen scharfen Richtstrahl, was unerwünscht ist.

Um auch unter Verwendung üblicher Konuslautsprecher eine diffuse Schallabstrahlung zu erhalten, kann man den Schall durch eine spaltförmige Öffnung in der Schallwand hindurchtreten lassen (*Abb. 17d*). Ist die Spaltöffnung kleiner als die Schallwellenlänge, wird der Schall hinter dem Spalt so gebeugt, daß der ganze Raum hinter der Schallwand gleichmäßig mit Schall erfüllt wird. Als praktisches Beispiel zeigt *Abb. 18* einen Abhörlautsprecher der BBC London.

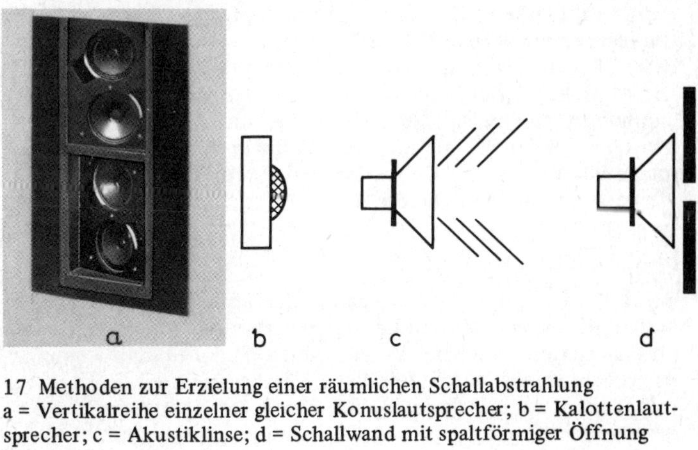

17 Methoden zur Erzielung einer räumlichen Schallabstrahlung
a = Vertikalreihe einzelner gleicher Konuslautsprecher; b = Kalottenlautsprecher; c = Akustiklinse; d = Schallwand mit spaltförmiger Öffnung

Eine andere Möglichkeit, hohe Frequenzen diffus mit Konuslautsprechern abzustrahlen, besteht darin, daß mehrere gleichartige Systeme zu einer *Strahlergruppe* vereint werden. Man darf die einzelnen Systeme aber nicht horizontal nebeneinander setzen, sondern vertikal übereinander. Dadurch wird zwar die Bündelung in der Vertikalebene verstärkt, aber in der für das Hören hauptsächlich wichtigen Horizontalebene ist für die Bündelung nur die Größe des Membrandurchmessers des einzelnen Lautsprechersystems maßgebend. Indem man die einzelnen Lautsprechersysteme im Winkel von etwa 15° gegeneinander verkantet (*Abb. 17a*), wird die Richtkennlinie in der Horizontalebene auseinandergezogen und gleichzeitig einer Bündelung in der Vertikalebene entgegengewirkt.

Ungünstige Richtcharakteristiken ergeben sich, wenn die einzelnen Systeme, die alle die gleichen Frequenzen abstrahlen, horizontal nebeneinander stehen. Dann spaltet die Richtcharakteristik durch Interferenz zwischen Schallwellen gleicher Frequenz aber mit verschieden langen Laufwegen in zahlreiche Maxima und Minima auf (Abb. 8).

c) Doppelkonuslautsprecher

Um mit Hilfe eines einzigen Lautsprechers sowohl tiefe als auch hohe Töne abstrahlen zu können, hat man *Doppelkonuslautsprecher* entwickelt. Bei ihnen befindet sich vor dem Tieftonkonus ein kleinerer Konus, der, an seiner Spitze mit dem Tieftonkonus starr verbunden, die Abstrahlung hoher Frequenzen bewirkt. Durch geeignete Wahl des Membranmaterials und seiner Dichte läßt sich der Schalldruck der beiden Konusmembranen aneinander angleichen. Leider kommen im Übernahmebereich zwischen beiden Membranen Einbrüche in der Übertragungskennlinie zustande, so daß Doppelkonus-Lautsprecher für Schallwiedergabe mit HiFi-Qualität nur sehr beschränkt geeignet sind.

d) Koaxiallautsprecher

Bei ihnen handelt es sich um zwei oder auch mehrere koaxial ineinander verschachtelte Lautsprechersysteme, die mechanisch und elektrisch unabhängig voneinander sind und im allgemeinen ein gemeinsames Magnetfeld haben. Dabei wird jedem Lautsprechersystem nur derjenige Frequenzbereich zugeführt, wo dessen Übertragungseigenschaften am günstigsten sind.

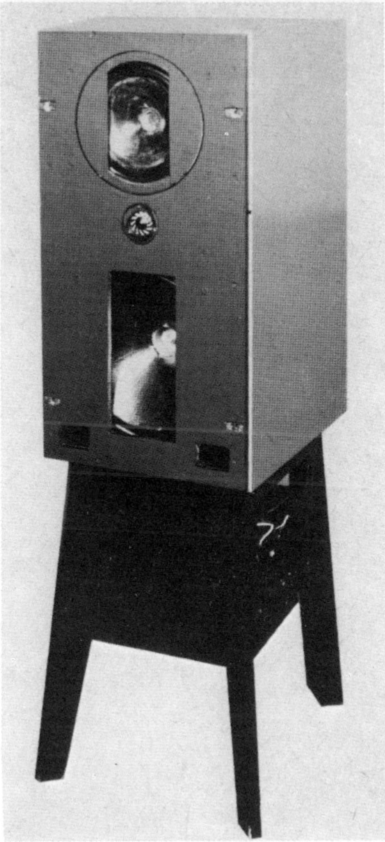

18 Abhörlautsprecher der BBC London

Koaxiallautsprecher gibt es in verschiedenen Ausführungen. Häufig benutzt man als Hochtonsystem einen Druckkammer-Hornstrahler, wobei der Tieftonkonus gleichzeitig den trichterförmigen Abschluß des Hochtonsystems bildet. *Abb. 19a* zeigt ein Koaxiallautsprecherchassis mit dazu gehörender Frequenzweiche von TANNOY. Es wird in den drei Typen DU 386 (38 cm), DU 316 (30 cm) und DU 296 (25 cm) gebaut. Die Übernahme-

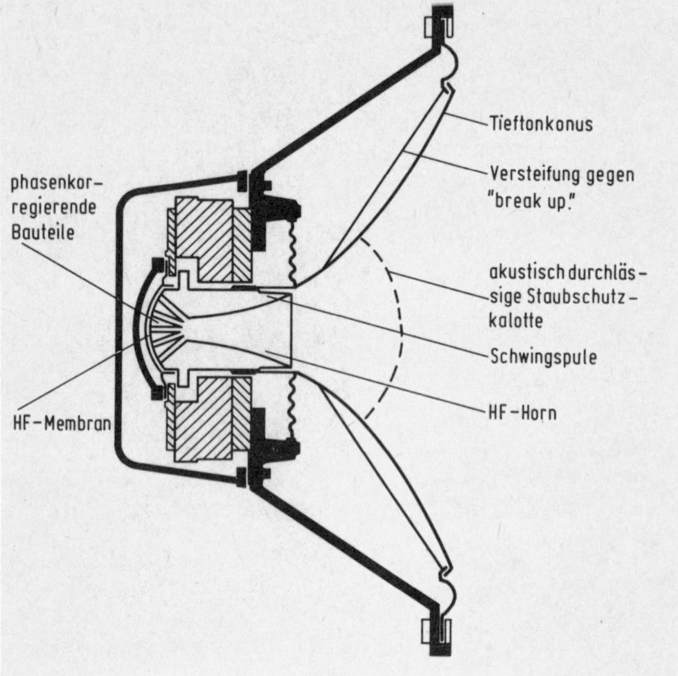

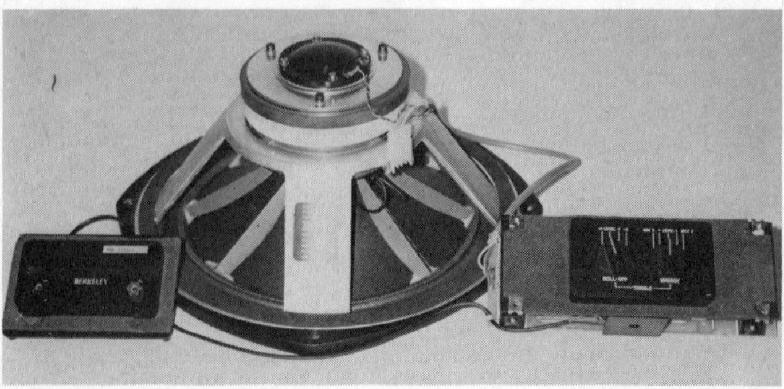

19 Koaxiallautsprecher (Tannoy)

20 Koaxiallautsprecher 604-8H (ALTEC LANSING) mit Frequenzweiche

frequenzen der hinsichtlich Signalleistung und Übertragungsdämpfung einstellbaren Weichen sind 1 kHz, 1,2 kHz und 1,5 kHz bei einer Flankensteilheit von 12 dB/Oktave. Maßzeichnungen für Boxen zum Einbau von TANNOY-Koaxiallautsprecher findet man im RPB 311.

Ein anderes Beispiel für Koaxiallautsprecher ist das Modell 604-8H von ALTEC (*Abb. 20*). Das Hochtonhorn übernimmt die Wiedergabe ab 1,5 kHz. Die Dämpfung für das Hochtonsystem beträgt 18 dB/Oktave, für das Tieftonsystem 12 dB/Oktave. Als Lautsprechergehäuse ist eine Baßreflexbox von 200 bis 250 Liter am günstigsten. Der Lautsprecher wird hauptsächlich als Abhörlautsprecher in Studios verwendet.

e) Membranmaterial

Durch die Verwendung besonderer plastischer Werkstoffe für Lautsprechermembranen, wie Bextrene und Polypropylene, wurde es möglich, Baß-Mittelton-Chassis herzustellen, die bis hinauf zu Frequenzen von 3 bis 4 kHz eine ausgeglichene Übertragungskennlinie aufweisen und die daher bis zu diesen Frequenzen hinauf verwendbar sind. Unter Verwendung solcher Lautsprecher ist es also nicht notwendig, den abzustrahlenden Frequenzbereich in drei oder sogar vier Teilbereiche aufzutrennen. Man kann den gesamten Frequenzbereich in zwei Bereiche unterteilen, ohne daß die Qualität der Lautsprecherwiedergabe etwa schlechter ist als die einer aufwendigeren Dreiwegbox. Im Kap. VIII findet der Leser derartige Zweiwegkombinationen beschrieben.

III Trichter- oder Hornlautsprecher[1)]

Es ist seit langem bekannt, daß sich die Abstrahlung von Schall durch Trichter verbessern läßt. Die ersten Grammophone verwendeten Trichter zur Erhöhung der Lautstärke. Die Hörreichweite von Sprechern wird vergrößert, wenn der Sprechende einen Trichter (Megaphon) benutzt. Auf Bahnsteigen, in großen Kinosälen sowie bei der Sprachübertragung im Freien (Sportveranstaltung, Kundgebung) werden meist Trichterlautsprecher eingesetzt. Auch in der HiFi-Lautsprechertechnik verwendet man Trichterlautsprecher, und zwar nicht nur zur Erzielung eines hohen Wirkungsgrades bei der Umwandlung elektrischer Leistung in Schalleistung, sondern auch deshalb, weil sich mit richtig konstruierten Hornlautsprechern niedrigere nichtlineare Verzerrungen als mit direkt strahlenden dynamischen Lautsprechern erzielen lassen.

1 Treiber oder Driver

Ein Hornlautsprecher besteht aus zwei Teilen: Dem Treiber (englisch „driver") und dem eigentlichen Trichter oder Horn. Der Treiber ist im Prinzip ein dynamischer Wandler, dessen Membran über den Hals des Trichters und dessen Austrittsöffnung (Mund) an den umgebenden Raum akustisch angekoppelt ist. Der Treiber arbeitet nach dem Druckkammerprinzip (*Abb. 21*). Die von der stromdurchflossenen Schwingspule nach dynamischem Prinzip angetriebene massearme Membran vom Querschnitt A_1 wirkt auf einen Druckraum (Druckkammer), wobei sie bei ihrer Bewegung mit der Auslenkung a das Luftvolumen A_1 a verschiebt. Die Luft wird anschließend durch eine schmale Austrittsöffnung vom Flächenquerschnitt A_2 gepreßt, wobei die verschobene Luftmenge A_1 a in ein Luftvolumen der Größe A_2 b umgesetzt wird.

1) Die grundlegende Abhandlung über Hornlautsprecher ist die Publikation von C.R. Hanna und J. Slepian „The Function and Design of Horns for Loudspeakers" aus dem Jahr 1924, die im „Journal Audio Engineering Society" 25 (1977) S. 573-585 neu publiziert wurde.

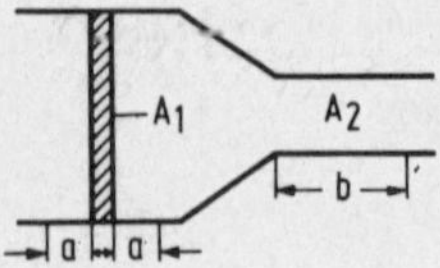

21 Prinzip eines Druckkammer-Treibers (Driver)

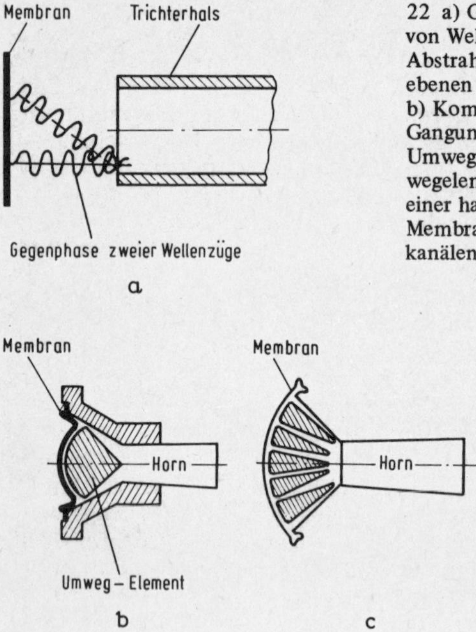

22 a) Gangunterschiede von Wellenzügen bei der Abstrahlung von einer ebenen Membran, b) Kompensation der Gangunterschiede durch Umweg-Element, c) Umwegelemente in Form einer halbkreisförmigen Membran mit Wellenkanälen

Wegen des verkleinerten Strömungsquerschnittes b kommt in der schmalen Öffnung eine erhöhte Strömungsgeschwindigkeit der Luft im Verhältnis A_1/A_2 zustande. Man nennt das eine Geschwindigkeitstransformation. Diese bewirkt, daß gegenüber der Antriebsmembran ein erhöhter Strahlungswiderstand der Membran erzeugt wird, wodurch sich der Wirkungsgrad der Schallabstrahlung erhöht. In erster Näherung vergrößert sich der Strahlungswiderstand im Verhältnis A_1/A_2. Ein zu großes Verhältnis von A_1 zu A_2 ist jedoch ungünstig. Da die Luft kompressibel (nachgiebig) ist, geht mit zunehmender Frequenz die Geschwindigkeitstransformation zurück und damit nehmen Strahlungswiderstand und akustischer Wirkungsgrad entsprechend ab. Das macht sich um so mehr bemerkbar, je größer das Luftvolumen ist, das im Druckkammerraum eingeschlossen ist. Aus diesem Grund sollte die eingeschlossene Luftmenge möglichst klein sein. Durch den Membranhub entsteht Druckanstieg, wodurch ein Abströmen der Luft zur Austrittsöffnung erzwungen wird. Ist diese Öffnung zu eng, so entstehen bei der Luftströmung Reibungsverluste an der Austrittsöffnung und am Trichterhals, wodurch Verzerrungen durch Wirbelbildung auftreten können. Beim Aufbau eines Druckkammer-Hochton-Treibers müssen noch andere Gesichtspunkte beachtet werden. Die Wellenlänge ist bei hohen Frequenzen so klein, daß Wellenzüge, die von verschiedenen Oberflächenelementen der Membran ausgehen, bis zum Eintritt in den Trichterhals verschieden lange Wegstrecken zurücklegen und dort gegenphasig ankommen, so daß sie sich gegenseitig auslöschen (*Abb. 22a*). Man behebt diese Interferenzstörung dadurch, daß man die Membran halbkreisförmig statt eben ausbildet und die von den einzelnen Oberflächenelementen der Membran ausgehenden Wellenzüge durch schmale Kanäle laufen läßt (*Abb. 22b, c*). Dadurch wird erreicht, daß kein Gangunterschied zwischen den verschiedenen Wellenzügen zustande kommt, denn die zurückgelegten Wegstrecken der Wellen von der Membran zum Trichterhals sind jetzt alle gleich lang.

2 Trichter

Wie schon erwähnt wurde, besteht die Aufgabe des Trichters darin, die kleine Membranfläche an den umgebenden Raum zu transformieren, d.h. den Strahlungswiderstand und damit die abgestrahlte akustische Leistung zu erhöhen. Der Trichter kann konischen, exponentialen, parabolischen oder auch hyperbolisch exponentialen Querschnitt haben.

Am häufigsten im Gebrauch sind *Exponentialtrichter* (*Abb. 23*). Der Flächenquerschnitt kann sowohl kreisförmig als

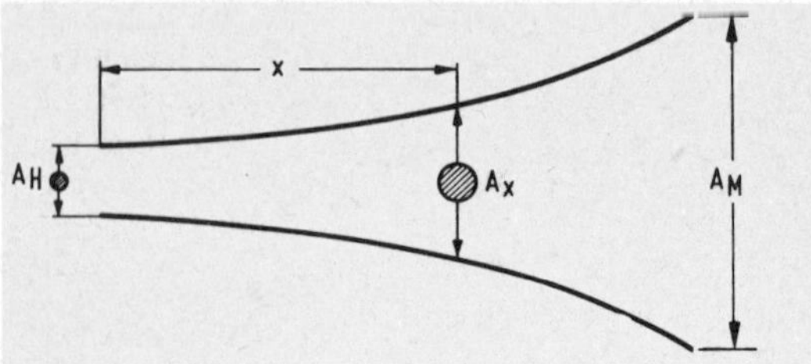

23 Exponentialtrichter

auch rechteckförmig sein. Zur Erzielung optimaler Abstrahleigenschaft muß die Mundfläche des Trichters

$$A_M \geqslant \frac{\lambda^2}{4\pi} \quad (16)$$

sein, wobei λ die längste abzustrahlende Schallwellenlänge ist. Ein Exponentialtrichter, dessen Querschnitt A sich vom Anfangsquerschnitt A_H (Querschnitt des Halses) zum Trichtermund hin nach der Funktion

$A_x = A_H \cdot e^{kx}$
A_x = Flächenquerschnitt im Abstand x (m^2)
A_H = Flächenquerschnitt des Halses (m^2) (17)
k = Trichterkonstante oder Öffnungsmaß (1/m)
x = Entfernung vom Trichterhals (m)

vergrößert, hat die Eigenschaft eines Hochpaßfilters mit der unteren Grenzfrequenz

$$f_g = \frac{k \cdot c}{4\pi}, \; c = 340 \frac{m}{sec} \text{ Schallgeschwindigkeit in Luft} \quad (18)$$

Für tiefere Frequenzen $f < f_g$ ist der Trichter nicht mehr schallübertragend. Tiefere Frequenzen werden daher von ihm nicht abgestrahlt.

Geht man von einer gegebenen Halsfläche A_x und Mundfläche A_M aus, so ergibt sich die Trichterlänge x aus der Formel

$$\frac{A_M}{A_H} = e^{kx} \text{ bzw. } \frac{A_x}{A_H} = e^{kx}$$

$$x = \frac{\ln \frac{A_x}{A_H}}{k} \qquad (19)$$

wobei sich k aus der Formel

$$k = \frac{4\pi}{\lambda_g} = \frac{4\pi \cdot f_g}{c}$$

ergibt.

Aus (19)

$$x = \frac{\ln \frac{A_x}{A_H}}{k} = \frac{\ln \frac{A_x}{A_H} \cdot c}{4\pi \cdot f_g}$$

geht hervor, daß ein Trichter umso länger sein muß, je tiefer die Grenzfrequenz sein soll, die man hörbar machen will. Trichter zur Wiedergabe tiefer Frequenzen müssen also nicht nur eine entsprechend große Mundöffnung, sondern auch entsprechende Längen aufweisen. Für eine Grenzfrequenz von 40 Hz benötigt man z.B. eine Mundöffnung von 5,9 m^2. Derartig große Trichterlautsprecher haben nur im Freien, Kinos, Theatern und Konzertsälen Platz. *Abb. 24* zeigt einen solchen Hornlautsprecher.

Abb. 25 zeigt typische Übertragungskennlinien für Hornlautsprecher für verschieden große Mundöffnungen als Funktion des Verhältnisses Durchmesser D der Mundöffnung zur Wellenlänge λ[1].

In der Regel muß man das Horn eines Trichterlautsprechers kürzer machen als es zur Erzielung optimaler Übertragungseigenschaften sein muß. Der dann vorhandene unstetige Übergang der Mundöffnung zum freien Raum hat an der Mundöffnung eine mehr oder weniger stark ausgeprägte Reflexion von Schallenergie in den Trichter zur Folge. Entsprechend schwankt der Strahlungs-

---

1) H.F. Olson, Modern Sound Reproduction, Robert E. Krieger Publishing Company, Inc. Huntingdon, New York 1978

24 Horn-lautsprecher für Groß-übertragungen (ALTEC)

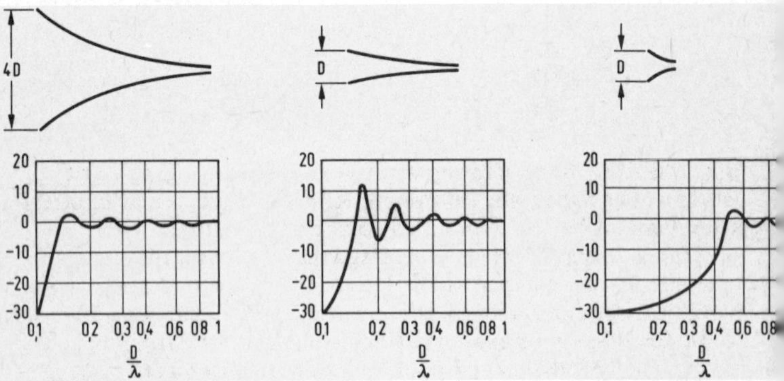

25 Übertragungskennlinien von Trichtern für verschieden große Mundöffnungen als Funktion des Verhältnis Durchmesser D der Mundöffnung zur Wellenlänge

widerstand in Abhängigkeit von der Frequenz, d.h. der Trichter strahlt bestimmte Frequenzen stärker, andere Frequenzen schwächer ab. Glücklicherweise ist das menschliche Gehör für Pegelsprünge bei tiefen Frequenzen, um die es sich hier handelt, relativ unempfindlich, so daß sie kaum empfunden werden. Zur Abstrahlung mittlerer und hoher Frequenzen andererseits, wo das Gehör empfindlich gegen Pegelsprünge des Schalldrucks reagiert, lassen sich Trichter unschwer hinreichend lang machen, so daß der Trichter für alle Frequenzen im Bereich konstanten Strahlungswiderstendes arbeiten kann.

3 Berechnung von Trichtern

An einem Beispiel sollen die Verhältnisse näher erörtert werden. Es soll ein Exponentialtrichter berechnet werden, mit dem Frequenzen bis herab zu etwa 70 Hz abgestrahlt werden können. Als Treiber soll ein üblicher dynamischer Konuslautsprecher von 25 cm Membrandurchmesser benutzt werden. Die Grenzfrequenz des Trichters soll $f_g = 60$ Hz betragen.

Wir gehen aus von Formel (22)

$$A_M = A_H \cdot e^{kx} \text{ oder } e^{kx} = \frac{A_M}{A_H} \tag{20}$$

Die Querschnittsfläche für den Trichterhals ergibt sich aus dem effektiven Membranradius des Treibers zu

$$A_H = \pi r^2 = \pi \cdot 0{,}125^2 = 0{,}049 \text{ m}^2 \tag{21}$$

Zur Berechnung der Mündungsfläche A_M des Trichters legen wir Gl. (16) zugrunde

$$A_M = \frac{\lambda^2}{4\pi} = \frac{c^2}{4\pi \cdot f^2} = \frac{340^2}{4\pi \cdot 70^2} = 1{,}88 \text{ m}^2 \tag{22}$$

$A_M = 1{,}88$ m² ist eine so große Mundöffnung, daß ein solcher Trichterlautsprecher in normalen Wohnungen keinen Platz hat. Deshalb wählen wir willkürlich den kleineren Wert $A_M = 0{,}93$ m² für die Mundöffnung, machen die Austrittsöffnung also kleiner, als es zur Erzielung optimaler Abstrahleigenschaften sein müßte.

Mit f_g – 60 Hz berechnet sich die Trichterkonstante zu

$$k = \frac{4\,\pi \cdot f_g}{c} = \frac{4\,\pi \cdot 60}{340} = 2{,}21\ m^{-1} \qquad (23)$$

Nunmehr sind A_H, A_M und k bestimmt. Durch Einsetzen in Formel (20) finden wir

$$e^{kx} = \frac{0{,}93}{0{,}049} = 19 \text{ oder } kx = 2{,}94 \qquad (24)$$

Die hierzu erforderliche Rechenoperation wird mit einem Rechenschieber oder noch einfacher mit einem elektronischen Kleinrechner (Taschenrechner) ausgeführt. Für die Trichterlänge x erhalten wir

$$x = \frac{2{,}94}{2{,}21} = 1{,}33\ m \qquad (25)$$

Damit unser Exponentialhorn also Frequenzen bis etwa 70 Hz herunter abstrahlen kann, muß bei einer Mundöffnung von 0,93 m^2 und einer Halsöffnung von 0,049 m^2 die Länge des Horns mindestens 1,33 m betragen. Wir werden später darlegen, daß man zur Abstrahlung tiefer Frequenzen, wo normalerweise sehr lange gestreckte Trichter mit großen Mundöffnungen benötigt werden, einen Trichter umlenken und auf diese Weise dessen effektive Länge auf relativ kleinen Raum zusammendrängen kann (Falttrichter).

Zur Abstrahlung mittlerer und hoher Frequenzen lassen sich „unendlich lange" Trichter mit handlichen Trichterabmessungen realisieren. Es möge z.B. die Grenzfrequenz f_g = 300 Hz sein, die Übernahmefrequenz der Weiche 500 Hz bei 12 dB/Oktave Flankensteilheit. Für die Trichterkonstante berechnet man

$$k = \frac{4\,\pi \cdot f_g}{c} = \frac{4\,\pi \cdot 300}{340} = 11{,}08\ m^{-1} \qquad (26)$$

Die Öffnungsfläche des Trichterhalses sei $A_H = 3{,}14 \cdot 10^{-4}\ m^2$. Damit eine Frequenz von 400 Hz noch ohne nennenswerte

Beeinträchtigung abgestrahlt wird, muß die Mundöffnung mindestens

$$A_M = \frac{c^2}{4\pi \cdot f^2} = \frac{340^2}{4\pi \cdot 400^2} = 0{,}057\ m^2 \qquad (27)$$

sein. Zur Erzielung einer in horizontaler Richtung auseinandergezogenen Richtcharakteristik ist außerdem ein gekrümmter Trichtermund vorteilhaft. Das führt praktisch auf eine Verdoppelung der berechneten Mundöffnungsfläche hinaus, d.h. es muß $A_M = 0{,}114\ m^2$ sein. Die Trichterlänge x erhält man nach der Beziehung (20) zu

$$e^{kx} = \frac{A_M}{A_H} = \frac{0{,}114}{3{,}14 \cdot 10^{-4}} = 363$$

$$k\,x = 5{,}89 \qquad (28)$$

$$x = \frac{5{,}89}{11{,}08} = 0{,}53\ m$$

Wie schon erwähnt wurde, kann ein Trichterlautsprecher auch parabolische, konische oder hyperbolische Gestalt haben. Bei hohen Frequenzen unterscheiden sich die verschiedenen Trichter praktisch nicht voneinander hinsichtlich ihres Strahlungsverhaltens. Bei tiefen Frequenzen sind dagegen merkliche Unterschiede vorhanden, als der Strahlungswiderstand der verschiedenen Trichterformen mit zunehmender Frequenz verschieden schnell seinem Höchstwert zustrebt. Am günstigsten erweist sich in dieser Hinsicht der hyperbolische Trichter, dessen nichtlineare Verzerrung aber bei gegebener Eingangsleistung größer als bei anderen Trichtern ist. Die kleinste Intermodulation haben konusförmige Trichter. Exponentialtrichter bilden den günstigsten Kompromiß.

26 Mittelton-Trichterlautsprecher HM 250 A (links) und HM 450 A (rechts) (ONKYO)

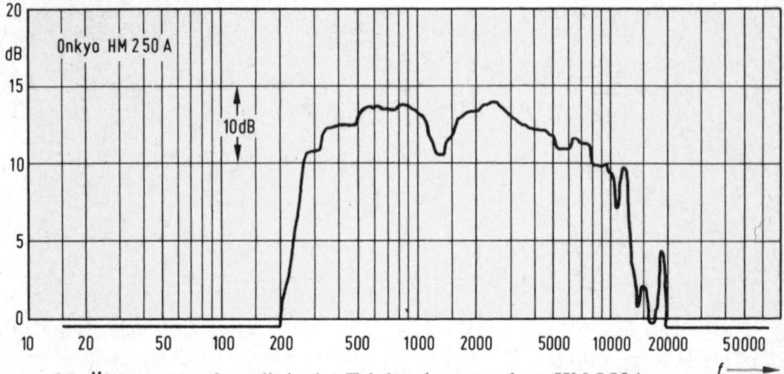

27 Übertragungskennlinie des Trichterlautsprechers HM 250A

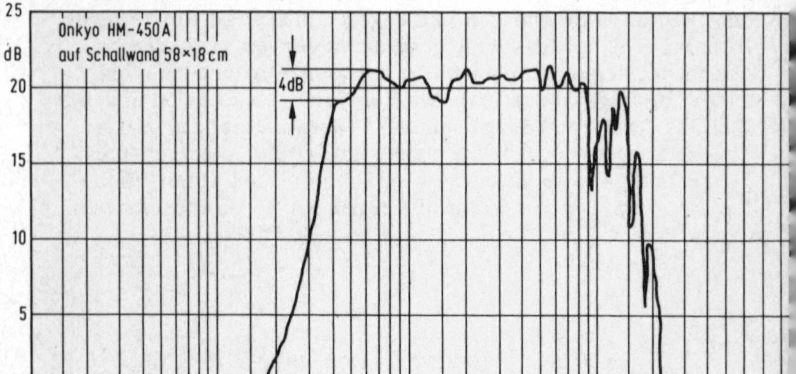

28 Übertragungskennlinie des Trichterlautsprechers HM 450A

4 Ausführungen von Hornlautsprechern

Gute Trichterlautsprecher sind recht kostspielig. Man muß bei ihrer Anschaffung etwa ebensoviel aufwenden wie für eine komplette Box, die mit üblichen direkt strahlenden Lautsprechern bestückt ist. Wem das zu teuer ist und wer diesen Preis nicht entrichten will oder kann, ist gut beraten, wenn er auf Trichterlautsprecher verzichtet. Billige Ausführungen, wie man sie gelegentlich im Handel erhält, verursachen nur Verdruß.

Abb. 26 zeigt die Modelle HM–250 A und HM–450 A von ONKYO. Deren Übertragungskennlinien sind aus *Abb. 27* und *28* ersichtlich. Das Modell HM–450 A ist im Bereich zwischen etwa 600 Hz . . . 8 kHz innerhalb ± 2,5 dB linear. Die untere Trennfrequenz soll bei Anwendung einer Weiche mit 12 dB/Oktave Dämpfung 750 Hz nicht unterschreiten. Bei elektronischen Weichen mit 18 dB/Oktave Dämpfung kann die untere Übernahmefrequenz auf 600 Hz gelegt werden. Das größere Horn HM–250 A kann bis zu 400 . . . 350 Hz herab betrieben werden. Oberhalb etwa 5 kHz muß zur Abstrahlung ein besonderer Hochton-Hornlautsprecher eingesetzt werden.

Abb. 29 zeigt den Hornlautsprecher 811 B mit Treiber 806–8A von ALTEC. Obwohl sein Schalldruck oberhalb 4,5 kHz abfällt (*Abb. 30*), wird bei hohen Frequenzen noch genügend Energie abgestrahlt, so daß man in verschiedenen Fällen auf einen besonderen Hochtonlautsprecher verzichten kann. In Kombination mit einem Tieftonlautsprecher, dessen Abstrahlung bis zu Fre-

29 Trichterlautsprecher 811 B (ALTEC)

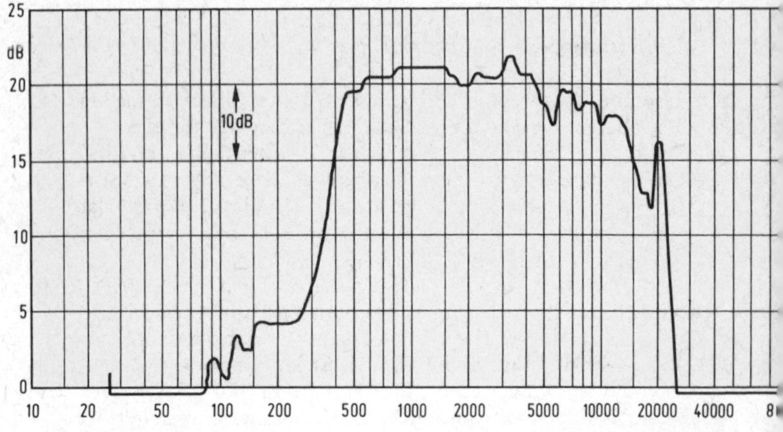

30 Übertragungskennlinie des Altec-Horns 811 B mit Treiber 806-8 A

quenzen von etwa 800 Hz (Übernahmefrequenz der Weiche bei 12 dB/Oktave Dämpfung) ausgeglichen ist, lassen sich Zweikanal-Lautsprecherboxen aufbauen.

Die in *Abb. 31* gezeigten Trichterlautsprecher sind Entwicklungen von ELECTRO VOICE. Das Modell ST 350 A (links in der Abb.) ist ein Hochtonlautsprecher, dessen Übertragungsbereich von etwa 3,5 . . . 15 kHz reicht (*Abb. 32*). Nach dem gleichen Konstruktionsprinzip aufgebaut ist der Mitteltontrichter SM 120 (rechts in der Abb.), zu dem der Treiber 1823M (im Vor-

31 Trichterlautsprecher von ELECTRO–VOICE
links: Hochtonhorn ST 350 A,
rechts: Mitteltonhorn SM 120 mit Treiber 1823 M im Vordergrund

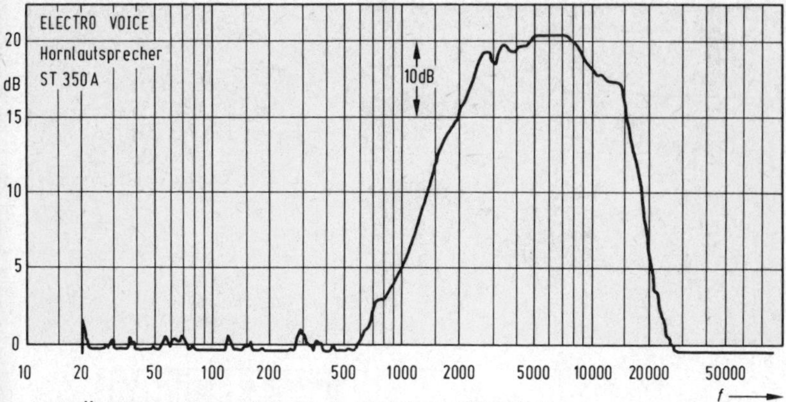

32 Übertragungskennlinie für Hochtonhorn ST 350 A

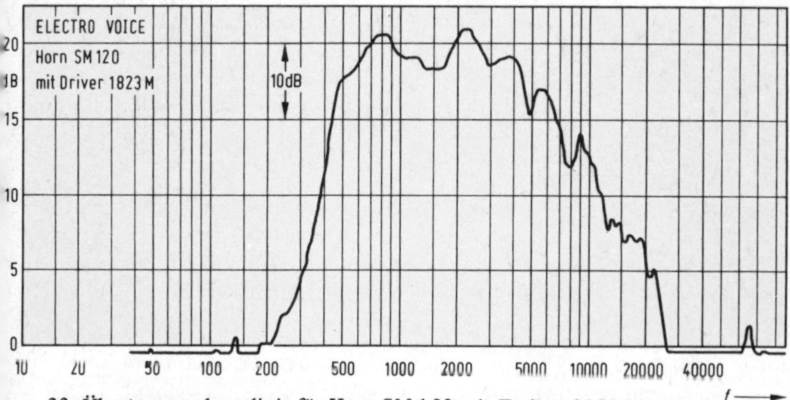

33 Übertragungskennlinie für Horn SM 120 mit Treiber 1823 M

dergrund) gehört. Der Übertragungsbereich dieses Horns reicht von etwa 600 Hz . . . 3,5 kHz (*Abb. 33*).

Der Hornstrahler HR 6040 mit Treiber DH 1012 (*Abb. 34*) ist im Übertragungsbereich 400 Hz (Übernahmefrequenz) bis etwa 10 kHz zur Herstellung großer Schalldrücke geeignet. Das relativ leichte Horn (43,2 cm hoch, 82,2 cm breit, 57,7 cm tief;

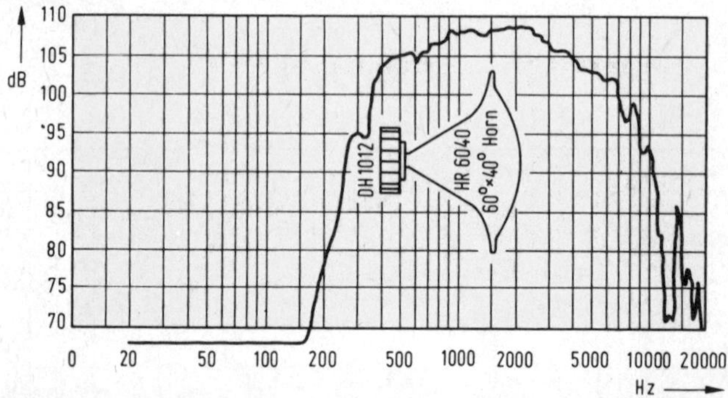

34 a) Hornlautsprecher HR 6040 mit Treiber DH 1012 (ELECTRO–VOICE)
b) Übertragungskennlinie

Gewicht 5 kg) besteht aus gepreßter Glaswolle und weist einen Hals von hyperbolisch exponentialen Querschnitt auf, der in einen konusförmigen Mund übergeht.

Eine andere Ausführung ist das Diffraktions-Horn JBL 2397 (*Abb. 35*). Bei dem aus sechs parallelen Exponentialtrichtern aufgebauten Horn findet nur in der Horizontalebene eine trichterförmige Erweiterung der Mundöffnung statt, während in der dazu vertikalen Ebene die Öffnung eine konstante Weite von etwa 4 cm aufweist. Die Öffnung wirkt wie ein Spalt, der von einer ebenen Wellenfront erregt, durch Beugung eine breitwinklige Strahlung erzeugt, falls die Spaltbreite kleiner als die abzustrahlende Schallwellenlänge ist. Bei einer Spaltbreite von 4 cm trifft das bis zu Frequenzen von etwa 8000 Hz zu. Der Abstrahlwinkel in der Horizontalrichtung ist etwa 140°, derjenige in der Vertikal-

35 Diffraktions-Horn 2397 (JBL) mit Treiber 375

36 Unten: Übertragungskennlinie des Diffraktions-Horns 2397

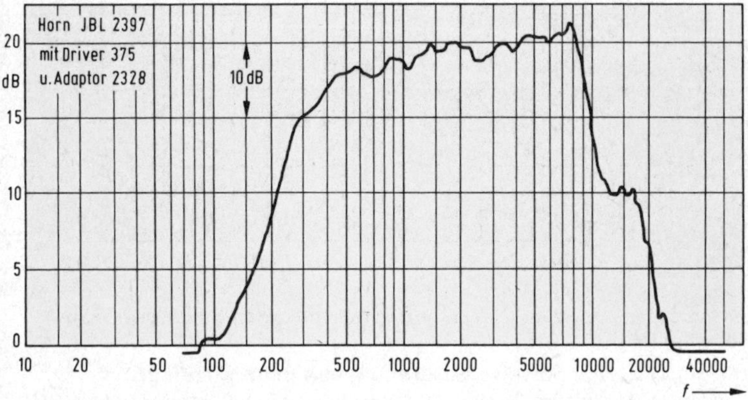

richtung 60°. *Abb. 36* zeigt die Übertragungskennlinie für dieses Diffraktions-Horn mit Treiber JBL 375 und Adapter 2328. Da diese Kombination vor allen Dingen zur Wiedergabe in großen Räumen und Sälen gedacht ist, wo hohe Frequenzen entsprechend stark absorbiert werden, ist der Anstieg des Schallpegels nach höheren Frequenzen hin durchaus erwünscht.

Für den Amateur ist die billigere Kombination, bestehend aus Horn JBL 2345 und Treiber LE 85 (*Abb. 37a*), mehr zu empfehlen. Deren Übertragungskennlinie zeigt *Abb. 37b*. Der Übertragungsbereich geht von 800 Hz (Übernahmefrequenz) bis etwa

37 a) Hornstrahler JBL 2345 mit Treiber LE 85
b) Übertragungskennlinie des Horns JBL 2345 mit Treiber LE 85

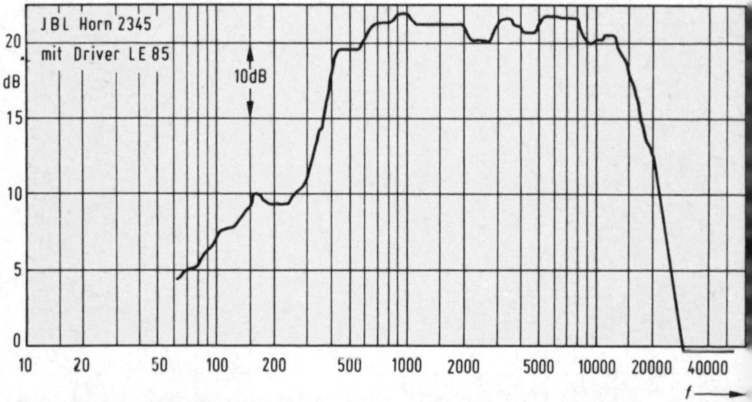

12 kHz bei einer Abweichung vom mittleren Schallpegel um maximal ± 2 dB.

Die *Abb. 38* zeigt Ausführung und Bauzeichnungen für einen Mittelton-Trichterlautsprecher zum Selbstbau[1]. Als Treiber kann das Modell B110 von KEF benutzt werden. Der Trichter wird aus vier Stücken Pappkarton hergestellt, die, nachdem sie in die richtige Form gekrümmt wurden, durch einen Zementaufstrich versteift werden. Das Horn belastet den Treiber bis zu einer unteren Frequenz von etwa 300 Hz. Die Übertragungsfrequenz zum Tieftonlautsprecher ist auf etwa 500 Hz bei einer Dämpfung von wenigstens 12 dB/Oktave festzulegen.

Abb. 39 zeigt die Übertragungskennlinie für den Exponential-Druckkammer-Hochtonstrahler DKT 11/C110/8 von ISOPHON.

---

[1] Wireless World, Mai 1970, S. 204

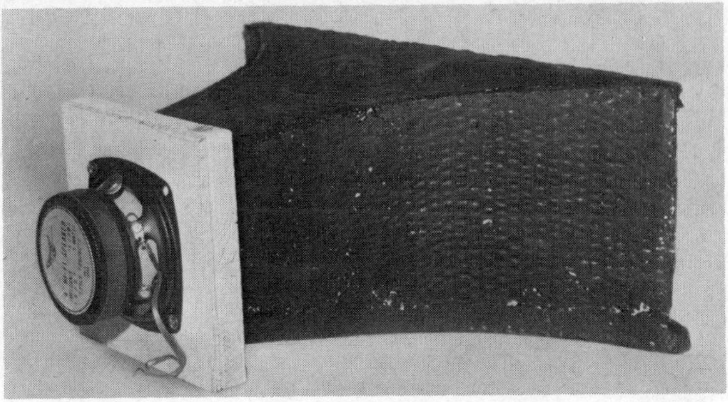

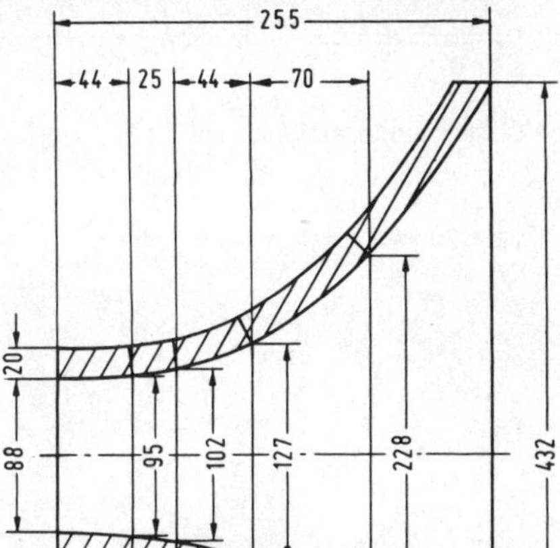

38 Mittelton-Trichterlautsprecher zum Selbstbau, a) Aufsicht, b) Seitenansicht, c) Ausführung

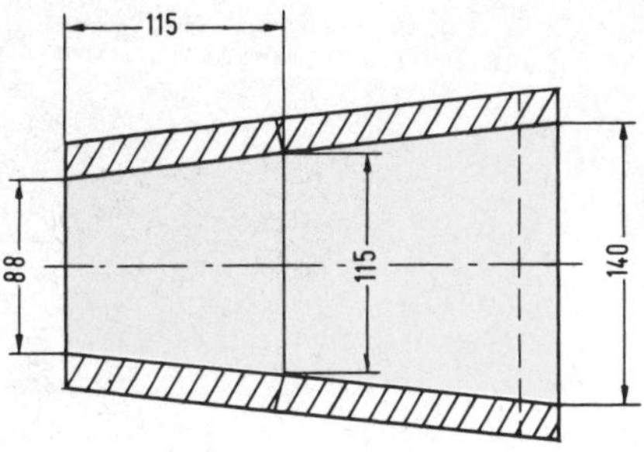

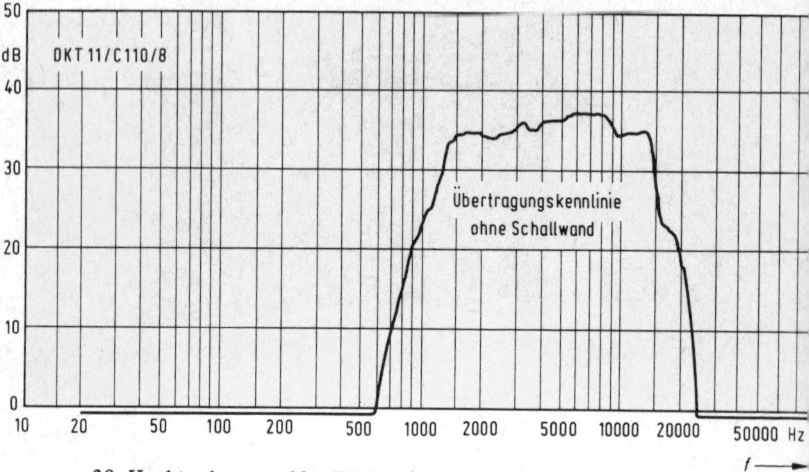

39 Hochtonhornstrahler DKT 11/C110/8 (ISOPHON)

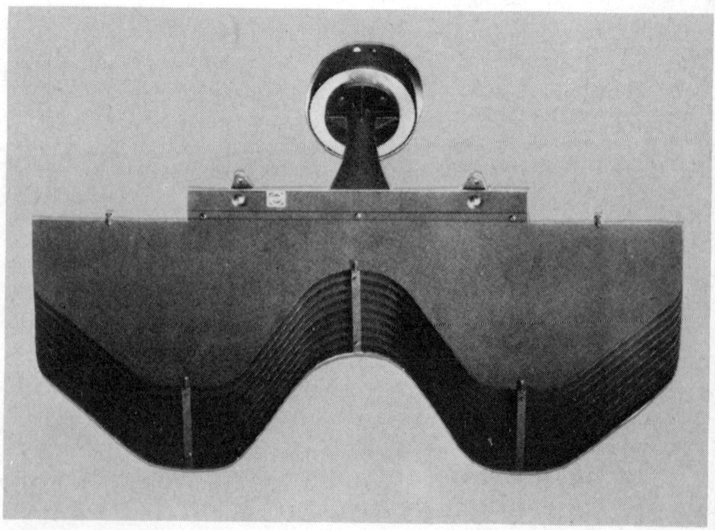

40 Hornstrahler TW 200 (RCF)

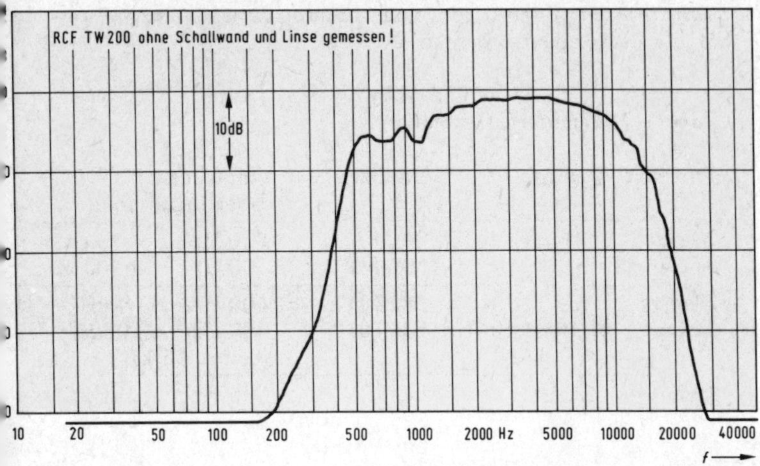

41 Übertragungskennlinie des Trichterlautsprechers TW 200

42 Frequenzweiche für Hornstrahler TW 200 mit Trennfrequenz 2 kHz und 18 dB/Oktave Dämpfung

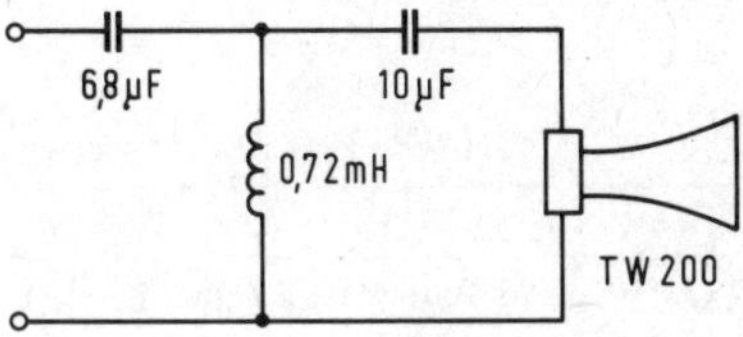

Seine Anwendung kommt für Lautsprecherkombinationen in Betracht, die große Räume ausschallen sollen, also in Kombination mit Exponential-Tieftonboxen und Druckkammer-Horn-Mitteltonlautsprechern. Seine Verwendung in kleineren HiFi Boxen ist nicht zu empfehlen.

Ein guter und dabei relativ preisgünstiger Druckkammer-Hornstrahler ist das Modell TW 200 von RCF, das mit einer großen Akustiklinse abgeschlossen wird (*Abb. 40*). *Abb. 41* zeigt die Übertragungskennlinie des TW 200 ohne Akustiklinse. Als Übernahmefrequenz wird 2 kHz bei einer Dämpfung von 18 dB/Oktave empfohlen. Die Schaltung der entsprechenden Frequenzweiche geht aus *Abb. 42* hervor. Die Nennbelastbarkeit bei Übernahmefrequenz 2 kHz ist 100 Watt.

Tabelle 2 enthält eine Zusammenstellung verschiedener Mittel-Hochton-Hornlautsprecher.

Tabelle 1: Trichterlautsprecher

Fabrikat	Horn	Treiber	empfohlener Übertragungsbereich
Altec	811 B	806-8A	800 Hz . . . 4,5 kHz
	511 B	802-8D	500 Hz . . . 4,5 kHz
Electro Voice	SM 120	1823 M	600 Hz . . . 4 kHz
	HR 6040	DH 1012	400 Hz . . . 10 kHz
	ST 350 A	–	3,5 . . . 15 kHz
JBL	2345	LE 85	800 Hz . . . 8 kHz
	2397	375 mit Adapter 2328	800 Hz . . . 8 kHz
	2405	–	8 . . . 18 kHz
Onkyo	HM 250 A	–	400 Hz . . . 7 kHz
	HM 450 A	–	800 Hz . . . 7 kHz
	TW 1800 A	–	3 . . . 18 kHz
	TW 3300 A	–	6 . . . 20 kHz
Vitavox	CN 157	S 3	500 Hz . . . 15 kHz
Isophon	Panorama (mit Linse) 2000		3 kHz . . . 8 kHz
	DKT 11/C110/8		3 kHz . . . 8 kHz
RCF	TW 200		2 kHz . . . 15 kHz

5 Akustische Linsen

Zur Erzielung einer diffusen Schallstrahlung gibt es akustische Linsen, die man vor die Trichteröffnung eines Hornstrahlers stellt und mit deren Hilfe man Schallwellen in ähnlicher Weise zerstreuen kann wie Lichtwellen mittels optischer Zerstreuungslinsen.

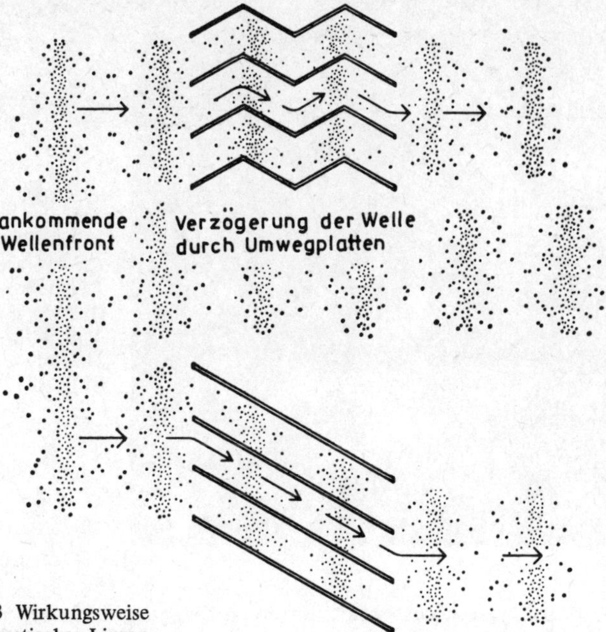

43 Wirkungsweise
akustischer Linsen

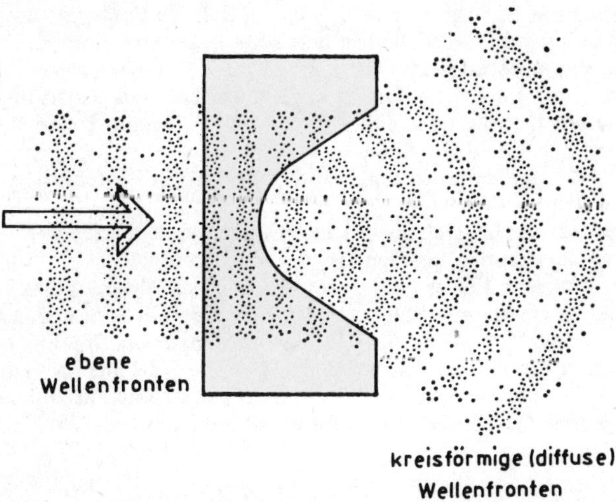

44 Akustiklinse (Modell 2395 JBL) mit 250-Liter-Tieftonbox (Bauzeichnung der Tieftonbox: RPB 311)

Die Wirkungsweise akustischer Linsen ist denjenigen aus der Mikrowellentechnik (Technik sehr kurzer Radiowellen) verwandt und beide Linsen ähneln auch in ihrem Aufbau einander. Die Wirkungsweise beruht grundsätzlich darin, daß die Fortpflanzungsgeschwindigkeit von Wellen in der Linse gegenüber derjenigen im freien Raum herabgesetzt wird. Das wird z.B. dadurch erreicht, daß man die Linsen aus Umwegplatten aufbaut, zwischen denen die Wellen Umwege gegenüber ihrer Ausbreitung im freien Raum machen müssen (*Abb. 43*).

Die Randgebiete der Linse sind breiter als in Linsenmitte. Daher eilt die Wellenfront der austretenden Schallwelle in den Randzonen mehr nach als in Linsenmitte, wodurch die angestrebte Zerstreuung des Schalls zustande kommt.

Es gibt auch Linsen, bei denen die den Schall verzögernden Elemente aus kleinen Scheiben, Kugeln oder Löchern in einer perforierten Metallfläche bestehen. Durch das Schallfeld werden darin sogenannte akustische Dipole induziert, die auf das Schallfeld zurück wirken und dessen Phasengeschwindigkeit beeinflussen. Entsprechende Linsen gibt es für elektromagnetische Wellen ebenfalls.

IV Spezielle Hochton-Lautsprecher

1 Bändchenlautsprecher

Zu den Trichterlautsprechern gehören auch die Bändchenlautsprecher. Im Gegensatz zu den zuvor besprochenen Druckkammer-Trichterlautsprechern weisen Bändchenlautsprecher keine Druckkammer auf. Bei ihnen dient ein hauchdünnes und extrem massearmes geriffeltes Aluminiumblättchen als Membran, das im Feld einen kräftigen Permanentmagneten zum Schwingen angeregt wird, wenn es vom tonfrequenten Wechselstrom durchflossen wird (*Abb. 45*). Weil der Strahlungswiderstand einer solchen Folimenmembran sehr klein ist, setzt man vor sie einen Trichter, der den Strahlungswiderstand auf einen angemessenen Wert transformiert und damit den Wirkungsgrad der Schallabstrahlung so vergrößert, daß ein solches System als Lautsprecher geeignet ist.

Abb. 46 zeigt Ausführungen einiger Bändchen-Hochton-Lautsprecher von DECCA. Das Modell LONDON (links) ist in Zweiwegkombinationen verwendbar, wenn der Tieftonlautsprecher bis

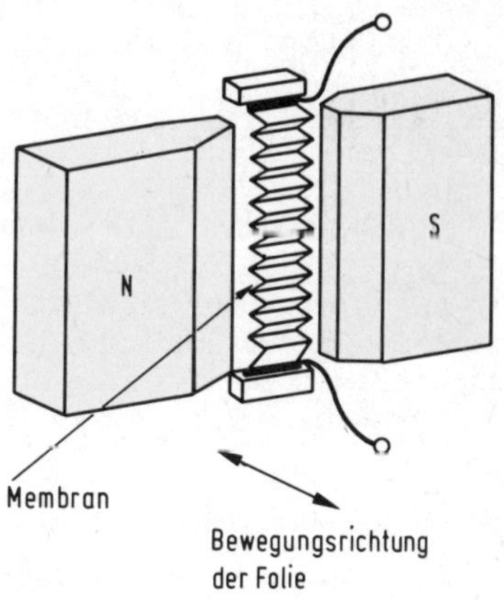

45 Aufbauprinzip eines Bändchenlautsprechers (ohne Horn)

46 Bändchenlautsprecher (DECCA), links: Modell London, Mitte: Modell DK 30, rechts: Modell DK 30 mit Linse

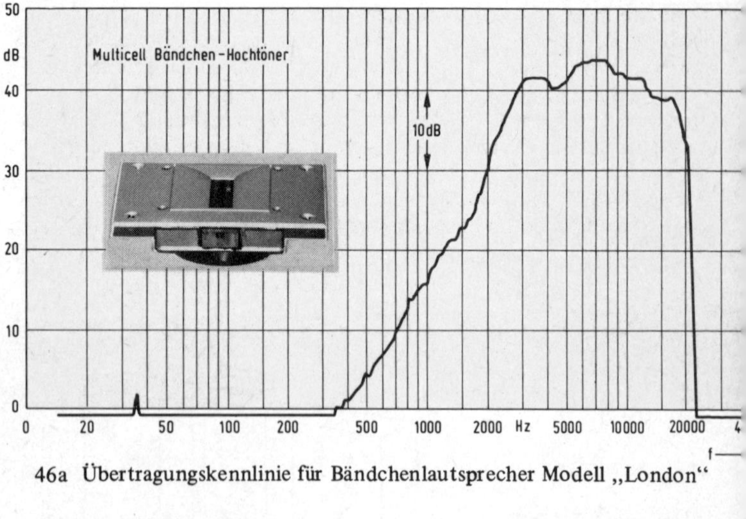

46a Übertragungskennlinie für Bändchenlautsprecher Modell „London“

etwa 2,5 kHz betrieben werden kann[1]. Das kleinere Modell DK 30 (mittleres und rechtes Bild) ist ab etwa 5 kHz verwendbar. Die Weichen sollten in beiden Fällen 18 dB/Oktave Dämpfung haben. Die Übertragungskurve für das Modell LONDON zeigt *Abb. 46a.*

1) Die vom Hersteller empfohlene Übernahmefrequenz 1 kHz ist nach Untersuchungen des Autors zu niedrig. Als Übernahmefrequenz wird 1,5 bis 2 kHz bei 18 dB/Oktave empfohlen.

RIBBON
Frequenzbereich
3.000 - 45.000 Hz
Impedanz 8 Ω
Schalldruck
92 dB/1 W - 1 m
Gewicht 0,6 kg
Maße 120 x 110 mm

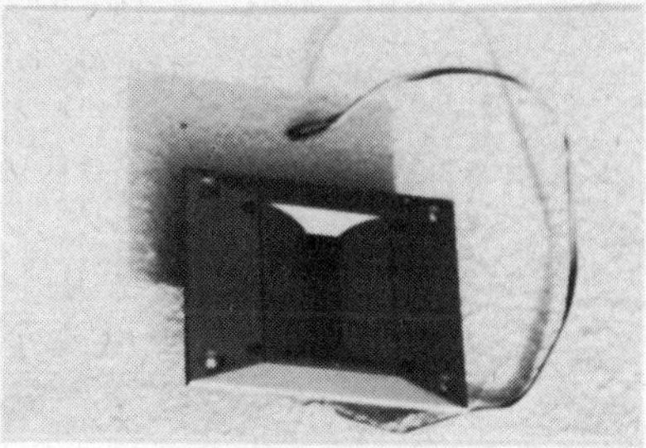

47 Hochton-Bändchenlautsprecher „Ribbon“ (MULTICELL)

Einen guten Wirkungsgrad weist das Modell „Ribbon“ von MULTICELL *(Abb. 47)* auf. Das System sollte erst ab 7 kHz unter Verwendung einer Weiche von wenigstens 12 dB/Oktave betrieben werden. Der Hochtöner läßt sich in Lautsprecherkombinationen mit Baßreflexboxen und entsprechend starken Mitteltonchassis (keine Hornstrahler) verwenden.

2 Transmission-Line-Lautsprecher nach Walsh

Bei ihm erzeugt die Tauchspule an der Spitze eines kegelförmigen Zylinders Biegewellen[1)], die sich längs der Zylinderoberfläche mit einer Geschwindigkeit fortpflanzen, die größer ist als diejenige von Luftschallwellen. Wenn die Wellenlänge der Biegewellen kleiner als die des Luftschalles sein würde, gleichen sich Unterdruck und Überdruck zwischen benachbarten, gegenphasig schwingenden Flächenelementen des Zylinders aus, so daß keine Schallabstrahlung zustande kommen könnte. Wenn jedoch die Wellenlänge der Biegewellen die Luftwellenlänge überschreitet, können sich die von den einzelnen Flächenelementen des Zylinders ausgehenden Teilwellen im Fernfeld gleichphasig überlagern,

1) Bei Biegewellen schwingen die Membranteilchen vorwiegend transversal (quer) zur Ausbreitungsrichtung der Welle. Biegewellen werden auch auf Konusmembranen angeregt und spielen in der Bauakustik eine (störende) Rolle

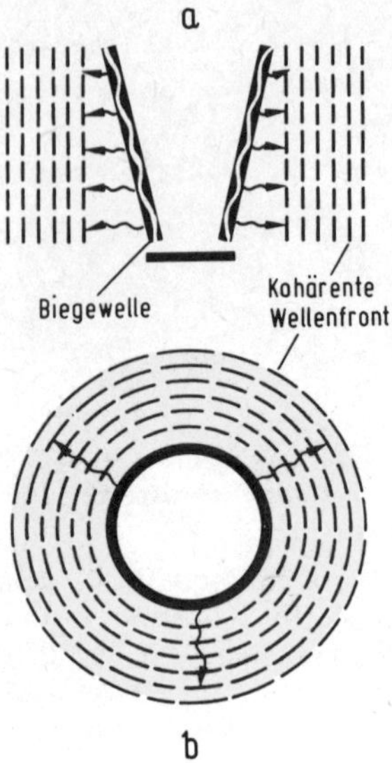

48 Prinzip des Walsh-Transmission-Line Lautsprechers
a = Seitenansicht,
b = Aufsicht

so daß der zu Biegewellen angeregte Zylinder Wirkleistung abstrahlt. Die schallstrahlende kegelförmige Zylinderoberfläche erhält eine bestimmte Neigung, und zwar derart, daß von den einzelnen Oberflächenelementen des Zylinders, die zeitlich nacheinander von der Biegewelle erreicht werden, kohärente gleichphasige Wellenzüge ausgehen (*Abb. 48*). Da die Biegewellen infolge reflexionsfreien Abschlusses des Zylinders nicht zu stehenden Wellen Anlaß geben, bricht der Zylinder im Gegensatz zu üblichen Konusmembranen nicht in Partialschwingungen auf. Wir haben hier einen Breitbandlautsprecher, der alle Frequenzen gleichmäßig abstrahlt. Zur Tieftonwiedergabe arbeitet der Zylinder auf das Luftkissen eines geschlossenen Gehäuses. Die Wiedergabe mit Walsh-Lautsprechern zeichnet sich durch Durchsichtigkeit und gutes Ein- und Ausschwingverhalten aus. Ihr Nachteil ist der niedrige Wirkungsgrad, der hohe Verstärkerausgangsleistungen (etwa 300 Watt) benötigt.

3 Piezoelektrische Hochtöner

In jüngerer Zeit werden auch piezoelektrische Lautsprecher, vornehmlich zur Hochtonwiedergabe eingesetzt. Deren Prinzip ist seit vielen Jahren bekannt. *Abb. 49* zeigt einen piezoelektrischen Hochtöner, Modell KSN 6010A, von MOTOROLA. Seine Wirkungsweise beruht auf dem piezoelektrischen Effekt, demzufolge eine an einen piezoelektrischen Kristall angelegte Spannung eine mechanische Verformung zur Folge hat.

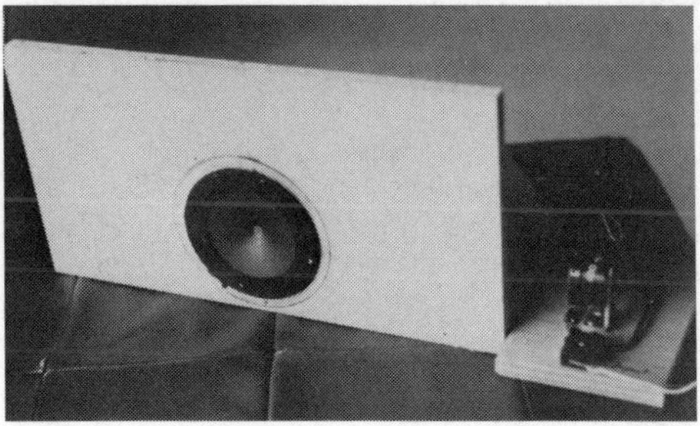

49 Piezoelektrischer Hochtöner KSN 6010A (MOTOROLA)

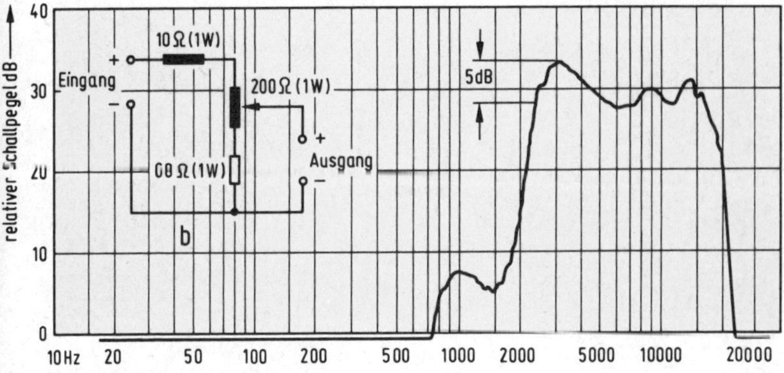

50 Übertragungskennlinie des Modells KSN 6010A (MOTOROLA) mit Schaltbild zum Anschluß des Hochtöners

Diese Bewegung wird auf die konusförmige Membran übertragen und als Schall hörbar. Die Zuschaltung des Systems zu einem Tief-Mitteltonlautsprecher geschieht ohne Weiche mit Hilfe der Schaltung *Abb. 50* unmittelbar an den Ausgang des Verstärkers. Die Übertragungskennlinie weist oberhalb etwa 4 kHz einen zufriedenstellenden Verlauf auf.

Einige Piezo-Hochtöner gibt es auch mit Hornstrahlern. Deren Wirkungsgrad ist zwar größer als die Modelle mit freistrahlender Membran, dafür sind aber ihre Übertragungskennlinien weniger günstig und die Wiedergabe ist mehr verfärbt. Aus diesem Grund sind Piezo-Hörner zur hochwertigen Schallwiedergabe mit HiFi-Qualität nicht zu empfehlen.

4 Air-motion-Wandler

Bei dem als „Air-motion Transformer" bezeichneten Wandler von O. HEIL wird eine massenarme gefaltete Folie als schallerzeugendes Bauteil verwendet. Im Gegensatz zum Bändchenlautsprecher bewegt sich die Faltfolie quer zur Richtung der Schall-

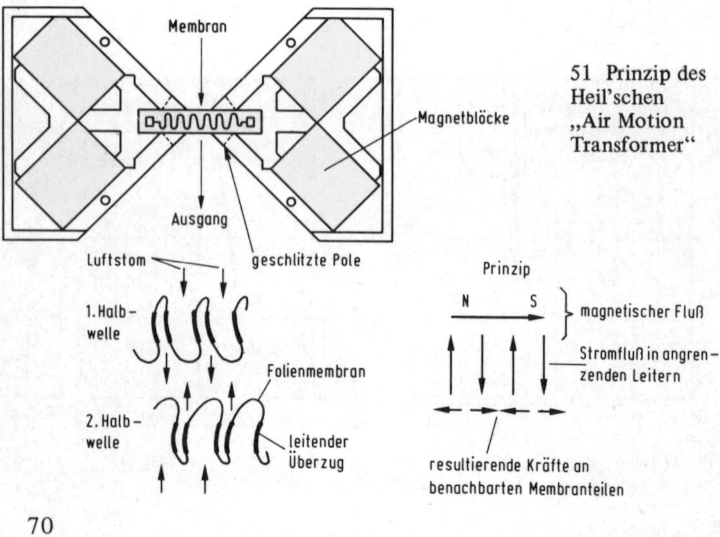

51 Prinzip des Heil'schen „Air Motion Transformer"

52 Air-Motion Wandler

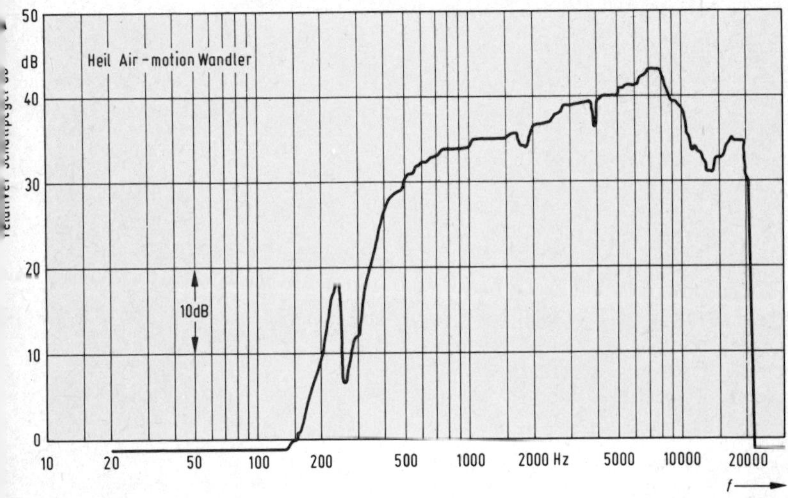

53 Übertragungskennlinie des Air-Motion-Wandlers

abstrahlung im Magnetfeld (*Abb. 51*). Bei der Bewegung der Folie unter Einwirkung eines Wechselstromes werden alle Falten schmaler, die sich nach vorn öffnen und drücken somit die Luft aus den Falten heraus, während die jeweils benachbarten hinteren Falten sich erweitern und Luft ansaugen. Auf diese Weise wird die Luft in einer Richtung herausgedrückt und bei umgekehrter Bewegung in der anderen Richtung angesaugt. Beim Herausdrücken der Luft aus den engen Falten erhöht sich die Geschwindigkeit der Luftteilchen.

Abb. 52 zeigt die Ausführung eines solchen Mittel-Hochton-Lautsprechers und *Abb. 53* dessen Übertragungskennlinie. Wegen des mit steigender Frequenz zunehmenden Schalldrucks ist dieser Lautsprecher besonders zur Hochtonwiedergabe in stark gedämpften Räumen geeignet. In normalen Wohnräumen muß man eine Entzerrung vornehmen, um eine Überbetonung hoher Frequenzen zu vermeiden.

V Elektrostatische Lautsprecher

1 Prinzip

Während bei einem dynamischen Lautsprecher die Bewegung einer vom tonfrequenten Wechselstrom durchflossenen Schwingspule in einem Magnetfeld zum Antrieb der Membran benutzt wird, basiert der elektrostatische Lautsprecher auf dem Prinzip des Kondensators. Im einfachsten Fall besteht er aus einer festen Platte, die die eine Fläche eines Kondensators bildet, und aus einer dünnen beweglichen Metallfolie oder metallisierten Kunststoffolie, die die andere Platte des Kondensators bildet; sie steht der festen Platte in geringem Abstand gegenüber (*Abb. 54*). Die bewegliche Metallfolie stellt die Membran des elektrostatischen Lautsprechers dar.

Wird an die beiden Platten eine Spannung angelegt, so entsteht zwischen ihnen ein elektrisches Feld. Die elektrische Feldstärke zieht die Membran zur festen Platte hin. Da die Membran an ihrem Rand eingespannt ist, stellt sich ein Gleichgewichtszustand zwischen der elektrischen Anziehungskraft und der durch die Auslenkung der Membran auftretenden mechanischen Gegenkraft ein. Ist die angelegte Spannung eine Wechselspannung u, die also sinusförmig im Rhythmus von Sprache oder Musik

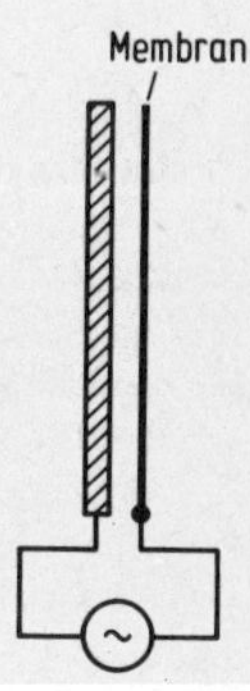

54 Prinzip des elektrostatischen Lautsprechers

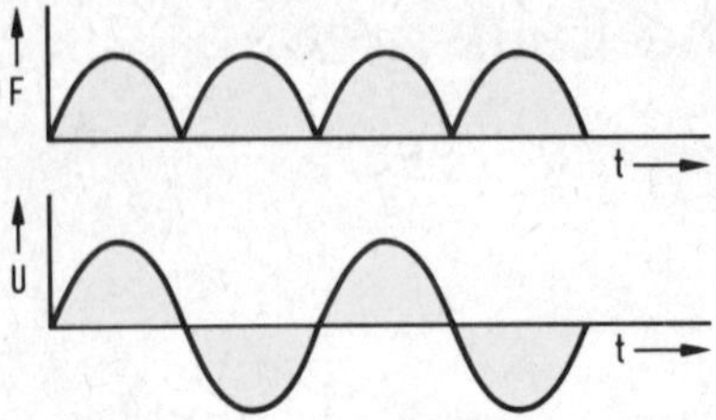

55 Zeitlicher Verlauf von auslenkender Kraft und angelegter Spannung beim elektrostatischen Eintaktlautsprecher

schwankt, so bewegt sich die Membran periodisch. Es entsteht jedoch keine sinusförmige Bewegung entsprechend der angelegten Wechselspannung, sondern beide Halbperioden der Wechselspannung lenken die Membran in gleicher Richtung aus (*Abb. 55*).

Die Kraft F, die auf die Membran wirkt, ändert sich also nicht sinusförmig, so daß eine Wiedergabe von Sprache und Musik nicht möglich ist.

Der elektrostatische Lautsprecher wird erst funktionsfähig, wenn in Serie mit der Wechselspannung eine Gleichspannung (Polarisationsspannung) zwischen beide Platten gelegt wird. Jetzt kann die Membran um eine Mittellage mit der Frequenz der Wechselspannung schwingen, sofern die Amplitude der Wechselspannung die Gleichspannung nicht übersteigt.

Der elektrostatische Lautsprecher in der beschriebenen Ausführung ist nur als *Hochtonlautsprecher* geeignet, da nur bei hohen Frequenzen die Spannungsamplitude u stets sehr viel kleiner als die Polarisationsspannung U ist.

2 Gegentaktlautsprecher

Die Anwendung des Gegentaktprinzips gestattet die Verarbeitung größerer Signalspannungen und damit den Bau von elektrostatischen Lautsprechern, die nicht nur hohe Frequenzen, sondern auch tiefe Frequenzen wiedergeben können.

Abb. 56 zeigt das Prinzip eines elektrostatischen Gegentaktlautsprechers. Die bewegliche Membran M befindet sich zwischen zwei festen Elektroden, an denen die Signalspannung gegenphasig liegt. Im Gegensatz zum einfachen elektrostatischen Lautsprecher

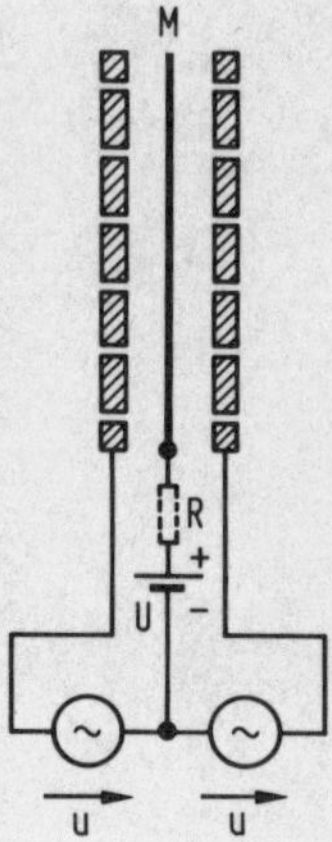

56 Prinzip eines elektrostatischen Gegentaktlautsprechers

mit einer einzigen festen Elektrode müssen die beiden Festelektroden beim Gegentaktlautsprecher perforiert, also schalldurchlässig sein. In Ruhelage befindet sich die Membran genau in der Mitte zwischen beiden Platten, denn die Polarisationsspannung hat zwei gleichgroße, aber entgegengesetzte Kräfte auf die Membran zur Folge. Wird außer der Polarisationsspannung die Signalspannung angelegt, so entsteht eine resultierende Kraft

$$F \sim \left[\frac{U + \frac{u}{2}}{d_2}\right]^2 - \left[\frac{U - \frac{u}{2}}{d_1}\right]^2 \qquad (29)$$

Diese Kraft ist infolge der Änderung der Abstände d_2 und d_1 zwischen Membran und Platten während des Schwingungsvorganges nicht proportional der Signalspannung u, so daß nichtlineare Verzerrungen auftreten. Der physikalische Grund hierfür liegt darin, daß bei Annäherung der auf verschiedenem Potential befindlichen Flächen die mechanische Anziehungskraft quadratisch ansteigt, wenn sich der Abstand zwischen ihnen linear verkleinert. Sorgt man aber dafür, daß die elektrische Spannungsdifferenz mit kleiner werdendem Abstand der Platten fällt, kann der Vorgang linearisiert werden. Im Prinzip läuft das darauf hinaus, daß man die Membran auf eine bestimmte Spannung auf-

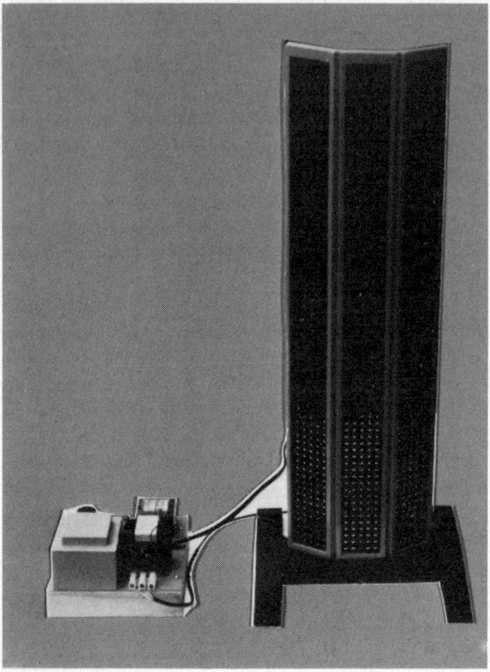

57 ESL Modell 203 mit Netzteil von APS ELEKTRONIK GMBH

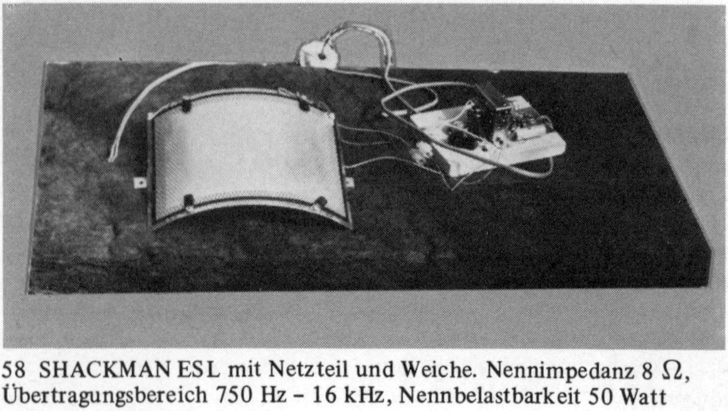

58 SHACKMAN ESL mit Netzteil und Weiche. Nennimpedanz 8 Ω, Übertragungsbereich 750 Hz – 16 kHz, Nennbelastbarkeit 50 Watt

lädt und die Spannung nachträglich wieder abschaltet. Das setzt eine genügende Isolation zwischen den Belägen voraus. Dann ist die durch Anlegen der Spannung U an das System im Ruhestand verursachte Ladung Q festgelegt; sie ändert sich auch bei der Bewegung nicht, so daß bei Annäherung der Platten wegen der Zunahme der gegenseitigen Kapazität C die Vorspannung fällt: $U = Q/C$.

Mit der abnehmenden Polarisationsspannung wird dem vorher quadratischen Anstieg der Anziehungskräfte ein linearisierendes Gegengewicht entgegengestellt. Die Anziehungskraft F ist nun der Ladung und der Signalspannung direkt proportional:

$$F \sim \frac{Q \cdot u}{d_1 + d_2} \tag{30}$$

In der Praxis wird die konstante Ladung durch einen Hochohmwiderstand in Serie zur Polarisationsspannung erzeugt. Dieser Ladungswiderstand R liegt vor der Kapazität C_0 des elektrostatischen Lautsprechers, die sich aus den beiden Teilkapazitäten C_1 und C_2 der Teilsysteme mit den Abständen d_1 und d_2 zusammensetzt. Wenn die aus dem Hochohmwiderstand R und der Lautsprecherkapazität C gebildete Zeitkonstante R C_0 genügend lang gegen die Periodendauer der Membranschwingung bei der tiefsten zu verarbeitenden Frequenz ist, ändert sich während der Bewegung der Membran die Ladung praktisch nicht. Diese Methode des Betriebs eines elektrostatischen Lautsprechers mit konstanter Ladung ist Voraussetzung für seine Anwendung zur Wiedergabe tiefer Frequenzen mit ihren entsprechend größeren Signalamplituden. Der Hochohmwiderstand R wird gewöhnlich durch richtige Oberflächenleitfähigkeit der Membran erhalten. Ausführungen zweier ESL zur MH–Wiedergabe zeigen *Abb. 57* und *58.* Die ESL lassen sich in einfacher Weise mit dynamischen Tieftonlautsprechern kombinieren. Einige Beispiele hierfür findet man im Kap. VIII, 3. Wegen des relativ niedrigen Schallpegels von ESL sollte man sie nicht mit Exponential-Tieftonboxen kombinieren, die einen vergleichsweise zu hohen Schalldruck liefern und das Gesamtklangbild „dumpf“ erscheinen lassen. Am günstigsten sind Kombinationen mit geschlossenen Tieftonboxen oder kleinen Baßreflexboxen.

59 Elektrostatische Allfrequenzlautsprecher von QUAD. Jeder der acht Lautsprecher überträgt den Frequenzbereich zwischen 45 Hz und 18 kHz.

Infolge der relativ leichten Membran und dank der Tatsache, daß die antreibende Kraft über die ganze Membranfläche angreift, zeichnen sich elektrostatische Lautsprecher durch hervorragendes Ein- und Ausschwingverhalten und günstige akustische Anpassung an den umgebenden Raum aus. Andererseits ergeben sich wegen der relativ großen Fläche der Membran infolge Interferenz der von verschiedenen Punkten der Membran ausgehenden und zum Ort des Hörers gelangenden Schallwellen Unregelmäßigkeiten in der Übertragungskennlinie des Lautsprechers, die einer unverfärbten Wiedergabe entgegenstehen. Der Schall wird außerdem gerichtet abgestrahlt. Wie bei üblichen dynamischen Konuslautsprechern bricht auch die Membran elektrostatischer Lautsprecher bei höheren Frequenzen in Partialschwingungen auf.

VI Lautsprecherboxen und Schallführungen

1 Der akustische Kurzschluß

Damit hörbarer Schall in den umgebenden Raum abgestrahlt werden kann, ist es für die Wiedergabe tiefer Frequenzen erforderlich, das Chassis mit einer besonderen Schallführung zu versehen oder es in ein geeignetes Gehäuse (Box) einzubauen. Der Grund hierfür liegt im *akustischen Kurzschluß*. Würde man ein Tieftonchassis frei strahlen lassen, so würden die von der vorderen Konusfläche ausgehenden Schallwellen kugelförmig um den Konus herumlaufen und auf dessen Rückseite gelangen (*Abb. 60*). Dabei würden sich die Luftverdichtungen und Luftverdünnungen auf beiden Seiten der Konusmembran ausgleichen. Es entsteht hierbei nur Blindleistung, jedoch keine Wirkleistung, also kein hörbarer Schall. In diesem Betriebszustand kann die Membran große Bewegungsamplitude ausführen, ohne das hörbarer Schall übertragen wird. Der Strahlungswiderstand ist bei einem akustischen Kurzschluß Null. Der Einbau eines Tieftonchassis in eine Box oder in ein schallführendes System hat die Aufgabe, den akustischen Kurzschluß zu beseitigen und andererseits den Strahlungswiderstand möglichst groß zu machen.

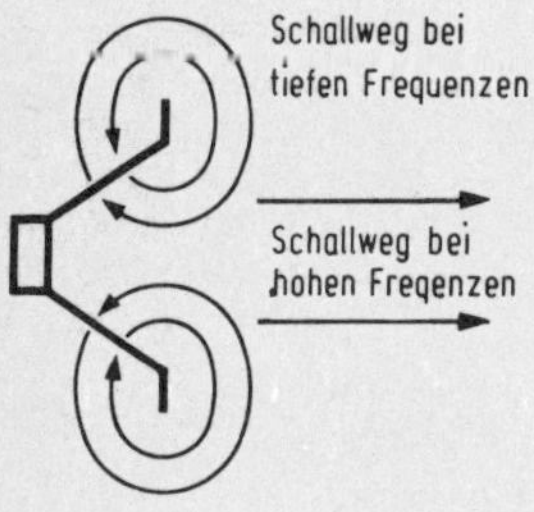

60 Akustischer Kurzschluß bei tiefen Frequenzen

2 Offene Schallwände (Dipolwände)

Die einfachste Möglichkeit, den akustischen Kurzschluß zu vermeiden, besteht darin, daß man den Lautsprecher auf einer Schallwand installiert. Diese kann eine runde, quadratische, rechteckige oder beliebige andere Form haben. Je größer die Schallwand ist, desto mehr verschiebt sich der akustische Kurzschluß nach tieferen Frequenzen, und desto tiefere Töne werden hörbar. Bei Einbau eines Lautsprechers in eine *unendlich* große Schallwand ist die niedrigste Frequenz, die hörbar gemacht werden kann, durch die Resonanzfrequenz des Lautsprechers bestimmt. In guter Näherung läßt sich eine *unendliche* Schallwand dadurch realisieren, daß man den Lautsprecher in die Wand des Abhörraumes einbaut, die als Schallwand dient.

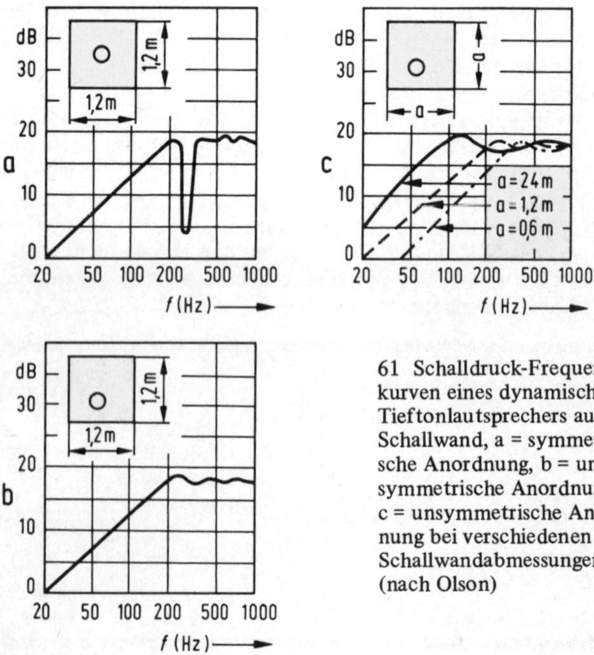

61 Schalldruck-Frequenzkurven eines dynamischen Tieftonlautsprechers auf Schallwand, a = symmetrische Anordnung, b = unsymmetrische Anordnung, c = unsymmetrische Anordnung bei verschiedenen Schallwandabmessungen (nach Olson)

In fast allen praktisch vorkommenden Fällen muß man sich einer *endlichen* Schallwand bedienen. Bei der kreisrunden Schallwand und symmetrischem Lautsprechereinbau gibt es eine bestimmte Frequenz, unterhalb deren vollständige Schallauslöschung durch akustischen Kurzschluß erfolgt. Benutzt man wie üblich eine Schallwand von rechteckigem Querschnitt, so geht der Einbruch in der Übertragungskennlinie des Lautsprechers nicht bis auf den Wert Null herunter, weil die Wege, die der Schall zurücklegen muß, um von der Vorderseite der Membran auf deren Rückseite zu gelangen, verschieden lang sind. Ein ähnlicher Effekt läßt sich durch asymmetrische Anordnung des Lautsprechers auf runder Schallwand erreichen. *Abb. 61* zeigt den Schalldruck-Frequenzverlauf für verschieden große rechteckförmige Schallwände und für verschiedene Orientierungen des Lautsprechers auf der Schallwand.

Die Frequenz, bei der akustischer Kurzschluß eintritt, heißt *Grenzfrequenz.* Unterhalb der Grenzfrequenz nimmt der Schalldruck um 6 dB/Oktave ab. Soll durch Einbau des Lautsprechers in eine endliche Schallwand der akustische Kurzschluß vermieden werden, so darf die Weglänge des Schalles zwischen Vorderseite und Rückseite der Lautsprechermembran eine halbe Wellenlänge des tiefsten abzustrahlenden Tones nicht unterschreiten, d.h. die Entfernung zwischen Membran und Schallwandrand muß mindestens $\lambda/4$ betragen, wobei λ die Wellenlänge des tiefsten Tones ist, der hörbar gemacht werden soll. Diese Forderung führt auf großflächige Schallwände. Zur Wiedergabe einer Frequenz von z.B. 60 Hz benötigt man eine Schallwand von mindestens 3 x 3 m Fläche.

Tabelle 2: Zusammenhang zwischen Schalleistung und Lautsprechersystemzahl bei einer Kombination aus gleichartigen Treibern

Tieftonlautsprecher Durchmesser	Anzahl	Belastbarkeit	Relative Schalleistung
20 cm	1	1x15 Watt	1
20 cm	2	2x15 Watt	4
20 cm	3	3x15 Watt	9
20 cm	4	4x15 Watt	16
38 cm	1	1x45 Watt	9

Wegen des kleinen Strahlungswiderstandes eines auf offener Schallwand montierten Lautsprechers ist anzuraten, mehrere gleichartige Tieftonlautsprecher dicht nebeneinander auf der Schallwand zu montieren. Nur wenn die einzelnen Systeme dicht nebeneinander montiert werden, erhöht sich der Strahlungswiderstand linear mit der Anzahl der Lautsprechersysteme. Tabelle 3 verdeutlicht die erzielbare relative Schalleistung einer solchen Kombination im Vergleich zu nur einem einzelnen Lautsprechersystem.

Es wird also bei jeder Verdoppelung der Chassiszahl eine Vervierfachung der Schalleistung erzielt. Damit die Membranschnelle konstant bleibt, muß die zugeführte Verstärkerleistung verdoppelt werden. Durch Kombination mehrerer gleichartiger Treiber wird die erforderliche effektive Membranfläche vergrößert. Die Anwendung mehrerer gleichartiger Treiber zur Tieftonwiedergabe an Stelle eines entsprechend großen Treibers ist sogar günstiger. Einerseits wächst beim Vergrößern eines Lautsprechersystems die Membranfläche mit dem Quadrat des Durchmessers, die Masse aber annähernd mit der dritten Potenz. Aus Festigkeitsgründen muß nämlich die Dicke des Membranmaterials erhöht werden. Andererseits werden bei Anwendung mehrerer Tieftonlautsprecher die einzelnen Chassis weniger belastet, was eine entsprechend kleinere Intermodulation zur Folge hat.

Obwohl es günstig ist, Lautsprecher mit möglichst tief liegender Resonanzfrequenz auf Schallwänden zu verwenden – unterhalb der Resonanzfrequenz geht der Schalldruck mit 12 dB/–Oktave zurück – kommen Lautsprecher nach dem Prinzip der „akustischen Aufhängung“ mit weich eingespannter Membran für Schallwände nicht in Betracht. Solche Lautsprecher würden auf Schallwänden nicht nur erhebliche nichtlineare Verzerrungen hervorrufen, sondern es kann unter Umständen wegen des Fehlens der Steife des Luftkissens hinter der Membran ein solcher Lautsprecher hierbei zerstört werden.

Als Vorteil von Lautsprechern auf Schallwand wird gelegentlich angeführt, daß durch diesen Einbau keine zusätzlichen Klangverfälschungen auftreten. Das gilt nur für Schallwände im Freien. Bei Aufstellung in geschlossenen Räumen können durch Reflexion der rückseitig abgestrahlten Schallwellen an den Zimmerwänden und an anderen Gegenständen unerwünschte

62 „Sound Wall“ von THORENS mit 15 Tiefton-Chassis, 1 Mitteltöner und 1 Hochtöner. Abmessung der Schallwand 800 x 1200 x 78 mm. Nennbelastbarkeit 80 W, Übertragungsbereich 40 Hz – 20 kHz, Übernahmefrequenzen der Weiche 600 Hz und 5 kHz

Interferenzen mit den Schallwellen zustande kommen, die von der Vorderseite der Schallwand ausgehen. Das führt zu irregulären Einbrüchen und Überhöhungen der Übertragungskennlinie.

Abb. 62 zeigt eine Dipol-Schallwand[1] mit 15 Tieftonlautsprechern, einem Mittel- und einem Hochtonlautsprecher für 40 Hz – 20 kHz und 80 W Nennbelastbarkeit.

3 Rückseitig offene Gehäuse

Die erforderlichen Abmessungen einer Schallwand lassen sich in einer Ebene reduzieren, wenn man sie an den Rändern abwinkelt. Werden alle vier Seiten einer rechteckförmigen Schallwand abge-

---

1) Die Bezeichnung bringt zum Ausdruck, daß die Schallabstrahlung sowohl nach vorn als auch nach rückwärts (Dipolcharakteristik) erfolgt.

winkelt, so erhält man einen hinten offenen Kasten. Hierbei ergibt sich akustisch jedoch eine Besonderheit gegenüber der gewöhnlichen Schallwand, wenn die Kastentiefe etwa 1/4 Wellenlänge des vom Lautsprecher abgestrahlten Tones wird. Bei dieser Frequenz wirkt das Gehäuse wie ein Resonanzrohr, das diskrete Frequenzen verstärkt abstrahlt. Der bei vielen Rundfunkempfängern typische „Lautsprecherklang" ist häufig auf dieses Resonanzverhalten der hinten offenen Gehäuse zurückzuführen. Eine qualitativ hochwertige Wiedergabe ist mit offenen Gehäusen im allgemeinen nicht zu erzielen.

4 Geschlossene Lautsprecherboxen (Kompaktboxen)

a) Allgemeines

Am häufigsten verwendet man zur Tieftonwiedergabe geschlossene Gehäuse, bei denen nur eine einzige Öffnung für das Lautsprecherchassis vorhanden ist. Bisweilen nennt man eine geschlossene Box eine „unendliche Schallwand". Diese Bezeichnung rührt daher, daß Vorder- und Rückseite der Lautsprechermembran akustisch voneinander isoliert sind und daher auch bei tiefer Frequenz kein akustischer Kurzschluß zustande kommen kann. In dieser Hinsicht verhält sich eine geschlossene Lautsprecherbox wie eine unendlich große Schallwand.

Beim Einbau eines dynamischen Tieftonchassis in eine geschlossene Box kommt ein neuer Effekt zustande. Die im Gehäuse eingeschlossene Luft wird beim Hin- und Herbewegen der Membran abwechselnd verdichtet und verdünnt. Das Luftpolster wirkt auf die Membran wie eine zusätzliche Federung, welche die Eigenfrequenz des Chassis erhöht. Dadurch wird die abstrahlbare untere Grenzfrequenz des Lautsprechers erhöht, was eine verschlechterte Wiedergabe tiefer Frequenzen nach sich zieht. Damit unter solchem Umstand genügend tiefe Töne hörbar werden, darf das Nettovolumen der Box einen Mindestwert nicht unterschreiten. Dieser Mindestwert richtet sich nach den Daten des benutzten Chassis und nach der herzustellenden unteren Grenzfrequenz. Das erforderliche Gehäusevolumen ist umso größer, je geringer die Zunahme der Resonanzfrequenz des Lautsprechers sein darf und je größer der Membrandurchmesser ist.

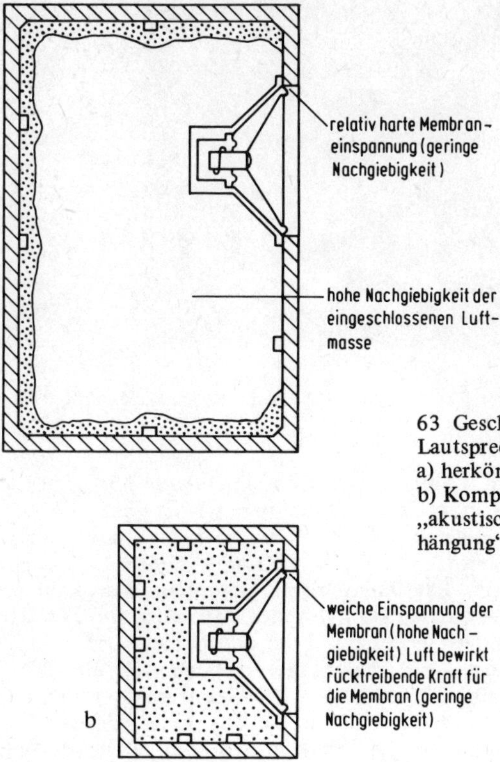

63 Geschlossene Lautsprecherbox
a) herkömmliche Box,
b) Kompaktbox mit „akustischer Aufhängung“

Bei Tieftonchassis mit harter Membraneinspannung (Gitarrenlautsprecher) benötigt man große Gehäuse von etwa 200 . . . 300 Litern, um eine zufriedenstelle Tieftonwiedergabe zu erzielen (*Abb. 63a*). Andererseits läßt sich die Federwirkung der im Gehäuse eingeschlossenen und komprimierten Luftmasse nutzbar machen, wenn man ein Chassis mit sehr weicher (nachgiebiger) Membraneinspannung, mit relativ schweren Membranen und extrem niedrigen Eigenfrequenzen (um 20 Hz) verwendet. Bei Einbau in verhältnismäßig kleine geschlossene Boxen von etwa

64 Geschlossene Box mit sechs Tieftonchassis (Bauzeichnung RPB 311)

20 - 40 Litern Volumen wirkt das Luftkissen hinter der Membran als rücktreibende Kraft für diese (*Abb. 63b*). An Stelle der bei konventionellen Tieftonlautsprechern benutzten Zentriermembran („Spinne") wird hier die komprimierte Luft selbst als rücktreibende Kraft ausgenutzt. Man nennt das „Lautsprecher mit akustischer Aufhängung". Alle modernen *Kompaktboxen* arbeiten nach diesem Prinzip. Zwar erhöht sich auch bei ihnen die Resonanzfrequenz, aber da diese für den nicht eingebauten Lautsprecher extrem tief liegt, wird die untere Grenzfrequenz in einen Bereich verschoben, wo die Box noch genügend tiefe Töne abstrahlen kann. Die Zentriermembran, die bei herkömmlichen Tieftonlautsprechern gleichzeitig die Rückstellkraft für die Membran bewirkt, dient bei Lautsprechern mit „akustischer Aufhängung" nur noch zur Zentrierung der Schwingspule. Da die Rückstellkraft durch das Luftpolster, abgesehen bei besonders starker Kompression, linear ist, können nichtlineare Verzerrungen hierdurch nicht zustande kommen.

Ähnlich wie bei einer offenen Schallwand läßt sich bei geschlossenen Boxen die Tieftonwiedergabe und Belastbarkeit verbessern, wenn statt eines einzelnen Chassis mehrere benutzt werden. Allerdings muß dann das Gehäusevolumen entsprechend heraufgesetzt werden. Als Beispiel zeigt *Abb. 64* eine mit 6 Tieftonchassis bestückte 350 Liter Box für hohe Belastbarkeit.

b) Grenzfrequenz, Wirkungsgrad und Boxenvolumen

Diese Größen stehen für ein eingebautes Lautsprecherchassis in den Zusammenhang[1])

$$\eta = k \cdot f_3^3 \cdot V_B \qquad (31)$$

wobei f_3 die Frequenz ist, für die der Schalldruck um −3 dB gegenüber dem Bezugspegel abfällt (Hz), V_B ist das effektive Volumen der Box (m^3) und k eine Konstante, die von der Art des benutzten Gehäuses abhängt. Für geschlossene Gehäuse ist k von der Größenordnung $1 \cdot 10^{-6}$ und für Baßreflexgehäuse von der Größenordnung $2 \cdot 10^{-6}$. Wesentlich ist, daß in Formel (31) die dritte Bestimmungsgröße berechenbar ist, wenn die beiden anderen festliegen. Beträgt zum Beispiel das Volumen der Box $V_B = 57\ dm^3$ und ist $f_3 = 40$ Hz, so ergibt sich aus diesen Angaben für eine geschlossene Box ein Wirkungsgrad $\eta \simeq 0{,}35\ \%$ für ein Baßreflexgehäuse von $\eta \simeq 0{,}7\ \%$. Die Herstellung eines möglichst guten Wirkungsgrades mit ***gleichzeitig*** möglichst niedrigen Frequenz erfordert daher entsprechend große Gehäuse. Umgekehrt kann man kleinere Boxen benutzen, wenn bei Erhaltung des Wirkungsgrades auf optimale Tieftonwiedergabe verzichtet wird oder wenn bei Erhaltung der unteren noch abzustrahlenden Frequenz auf Wirkungsgrad verzichtet wird. Je kleiner die Box ist, desto größere Verstärker-Ausgangsleistungen sind zur Herstellung einer bestimmten Schallleistung notwendig.

c) Schalldämmung

Zur Erzielung einer ungefärbten Lautsprecherwiedergabe ist Voraussetzung, daß der vom Lautsprecher abgestrahlte Schall nur von der Membran oder/und den dafür vorgesehenen Öffnungen (z.B. Tunnelöffnung bei einer Baßreflexbox oder Mundöffnung bei Exponential- und Transmission-Line Boxen) austreten und in den umgebenden Raum gelangen kann. In vielen Fällen werden jedoch die Gehäusewände der Lautsprecherboxen zu Eigenschwingungen (Eigenresonanzen) angeregt, so daß die Wände mehr oder weniger schalldurchlässig werden und ein erheblicher Anteil von

---

1) R.H. Small, Closed-Box Loudspeaker Systems. J. Audio Eng. Soc. Vol. 20, No. 10 (1972) 798 ... 806, Vol. 21, No. 1 (1973) 11 ... 18

Schallenergie durch die Wände hindurchtritt und im umgebenden Raum gegenphasig mit den vom Lautsprecher direkt abgestrahlten Schallwellen interferiert. Das hat Unregelmäßigkeiten in der Übertragungskennlinie der Box zur Folge. Gleichzeitig wird durch die in den Gehäusewänden gespeicherte Schallenergie, die je nach Dämpfung der Wände mehr oder weniger schnell abklingt, das Ein- und Ausschwingverhalten (transient response) verschlechtert. Beide Mechanismen, Schalldurchgang und unzulängliches Ein- und Ausschwingverhalten, führen zu Klangverfälschungen.

Um eine wirksame *Schalldämmung* herbeizuführen, sind Gehäuse aus Marmor, Beton, Ziegelsteinen und ähnlichen Materialien am wirksamsten. Aus praktischen Gründen können solche Konstruktionen nur in seltenen Fällen realisiert werden. Stattdessen benutzt man zum Aufbau von Lautsprecherboxen in der Regel Spanholz oder Sperrholz. Nach Untersuchungen von Harwood und Mathews am BBC Forschungslabor[1] erweist sich Birkensperrholz von 9 mm Stärke, das mit einer etwa gleich starken Schicht Dachpappe beschichtet ist, als besonders wirksam. Dickeres Birkensperrholz bringt gegenüber 9 mm dicken Platten keine Verbesserung. Im Gegenteil nimmt die Schalldämmung[2] dann sogar wieder ab, wenn nicht gleichzeitig auch eine entsprechend dickere Schicht Dachpappe aufgebracht wird.

Die Erklärung für diesen nicht ohne weiteres verständlichen, experimentell aber festgestellten Sachverhalt, liegt im „Q Faktor" der als Resonator fungierenden Gehäusewand. Der Q-Faktor eines Resonators ist ein Maß für die bei Resonanz eintretende Überhöhung der Amplitude der angeregten Schwingung bzw. ist dessen Kehrwert ein Maß für die Dämpfung der angeregten Eigenschwingung. Ein großer Q-Faktor bedeutet also geringe Dämpfung und hat ein langsames Ausschwingen bzw. Abklingen der Amplitude zur Folge. Holzwand und Dämmplatte ergeben für 9 mm starke Wände einen besonders günstigen (niedrigen) Q-Faktor. Wird die Stärke der Holzwandung vergrößert, ohne daß gleichzeitig die Masse der Dämmschicht vergrößert wird, so nimmt der Q-Faktor dieses Resonanzsystems zu, d.h. die angeregte Eigen-

---

1) H.D. Harwood u. R. Mathews, Factors in the Design of Loudspeaker Cabinets. BBC Research Report, Februar 1976

2) Von der englischen Industrie werden zur Dämmung von Lautsprecherboxen spezielle damping pads hergestellt. Leider bereitet es große Schwierigkeit diese Dämmplatten in der BRD zu erhalten.

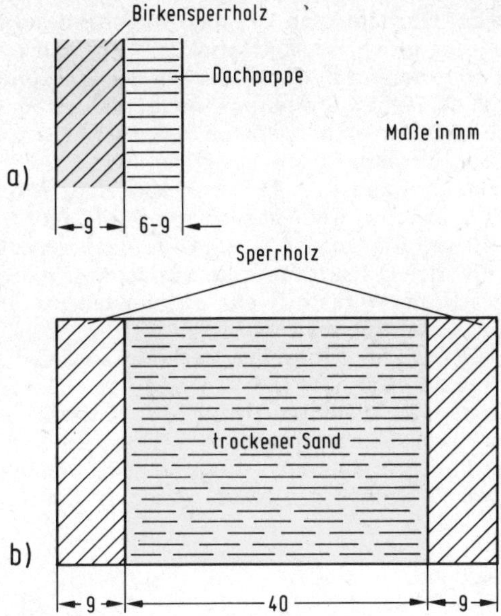

65 Schalldämmung von Lautsprechergehäusewänden
a) Kombination Birkensperrholz + Dachpappe, b) Sandwichwand

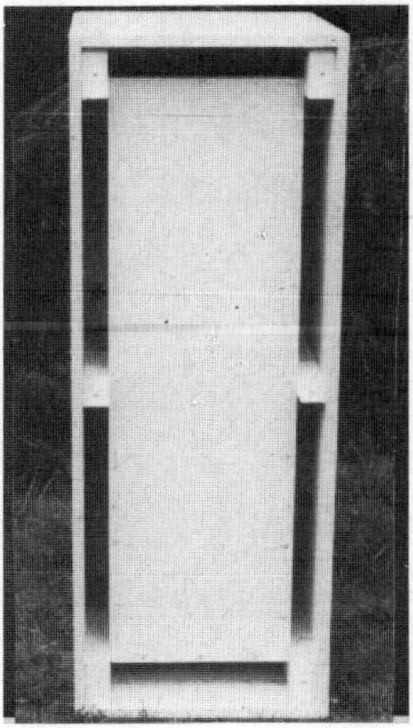

66 Sandwichaufbau eines Gehäuses. Die Hohlräume sind noch nicht mit Sand gefüllt

schwingung der Gehäusewand klingt entsprechend langsamer aus und damit einher gehen Klangverfälschungen bei der Lautsprecherwiedergabe. Ein möglichst niedriger Q-Faktor ist erstrebenswert. Schon allein aus ökonomischen Gründen sollte daher kein dickeres Birkensperrholz als von 9 mm Dicke beim Boxenaufbau benutzt werden.

Ohne Dämmplatten ist der Q-Faktor aller Arten Holzplatten so groß, daß in üblicher Weise ausgeführte Lautsprecherboxen erhebliche Klangverfärbungen haben. Günstige Eigenschaften und relativ niedrige Q-Faktoren weisen andererseits auch glasfaserverstärkte plastische Werkstoffe aus, die zunehmend für Lautsprechergehäuse von Interesse wurden.

Eine andere besonders effektive Methode zur Schalldämmung besteht darin, daß man die Wände einer Lautsprecherbox doppelwandig nach dem Sandwichprinzip aufbaut. Zwischen zwei z.B. 9 mm dicke Birkensperrholzplatten bringt man einen Hohlraum von 3 - 4 cm Breite an, den man vollständig mit feinen trockenen Sand füllt, wie aus *Abb. 65* und *Abb. 66* ersichtlich ist. Die auf

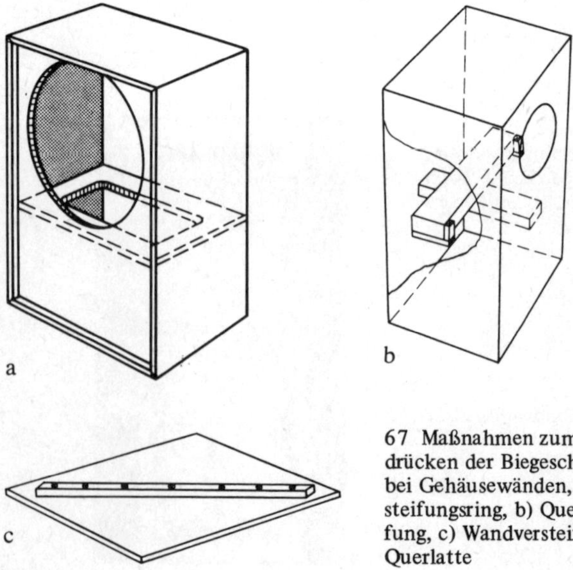

67 Maßnahmen zum Unterdrücken der Biegeschwingungen bei Gehäusewänden, a) Versteifungsring, b) Querversteifung, c) Wandversteifung durch Querlatte

diese Weise zu erzielende Schalldämmung ist vergleichbar mit Gehäusen, die aus Beton aufgebaut sind. Nachteilig ist, daß selbst kleine Lautsprecherboxen sehr viel Gewicht haben und kaum bewegt werden können. Dafür sind aber ihre akustischen Eigenschaften ganz hervorragend. Durch die nahezu vollkommene Schalldämmung werden nicht nur Klangverfärbungen weitgehend unterdrückt und das Impulsverhalten der Lautsprecherwiedergabe verbessert, es wird auch der Wirkungsgrad der Tieftonwiedergabe vergrößert. Bei der Hin- und Herbewegung der Lautsprechermembran wird ferner Schallenergie vom Chassis an die Schallwand weitergeleitet und unerwünscht abgestrahlt. Das Chassis sollte daher weich mittels Gummipuffer oder dergleichen auf der Schallwand montiert werden.

Größere Gehäuse sollten durch zusätzliche Wand-, Quer- und Ringversteifungen (*Abb. 67*) stabilisiert werden. Die Versteifungen müssen an jenen Orten der Wandflächen angebracht werden, wo Schwingungsbäuche von Biegeschwingungen zustande kommen. Hauptsächlich kommt die Grundschwingung in Betracht, zu deren Unterdrückung die Wände jeweils in der Mitte zu versteifen sind.

d) Schallabsorption (Schalldämpfung)

Neben der zuvor erörterten Schalldämmung ist es außerdem notwendig, daß der Gehäusehohlraum hinreichend bedämpft wird. Schalldämmung und *Schalldämpfung* (Absorption) sind zwei verschiedene Vorgänge. Das Bedämpfen des Gehäusehohlraumes der Box ist notwendig, um Eigenschwingungen des Gehäusehohlraumes (Raumresonanzen) zu unterdrücken. Deren Ursache sind stehende Wellen der Luftsäule zwischen gegenüberliegenden Wandflächen. Bei der Schallabstrahlung von der Rückseite der Lautsprechermembran entstehen zwischen gegenüberliegenden parallelen Wänden Maxima (Bäuche) und Minima (Knoten) der Geschwindigkeit (Schnelle) der Luftteilchen und der Druckverteilung. *Abb. 68* veranschaulicht den Zusammenhang für die Grundschwingung (Eigenschwingung der Luftsäule mit der tiefsten Resonanzfrequenz) und für die erste Oberschwingung, und zwar stellt a die Geschwindigkeitsverteilung und b die Druckverteilung dar. Wie ersichtlich, hat die Schnelle (Geschwindigkeit) der Luftteilchen an denjenigen Orten ein

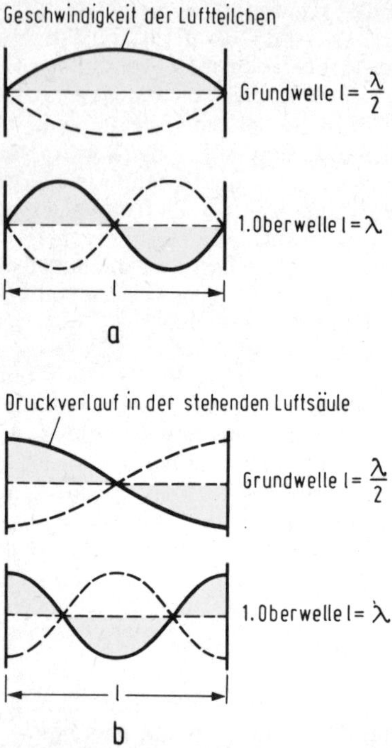

68 a = Geschwindigkeitsverteilung b = Druckverteilung bei einer zwischen zwei Wänden stehenden Luftsäule für die Grundschwingung und 1te Oberschwingung

Maximum, wo der Druck ein Minimum hat und umgekehrt. An den Wänden treten stets Geschwindigkeitsknoten auf, denn hier können sich die Luftteilchen nicht bewegen. Gleichzeitig kommt an der Wand ein Druckmaxima zustande. An der Wand selbst kann also nur eine *Schalldämmung* gegen Druckbeanspruchung erhalten werden und deshalb müssen die Gehäusewände so stabil als irgend möglich sein, wie zuvor dargelegt wurde. Dagegen kann an der Wand kein Schall absorbiert werden, weil die Luftteilchen dort keine Geschwindigkeit aufweisen. Damit der Schall im Gehäusehohlraum der Box *absorbiert* werden kann, muß man einen porösen Stoff in einem *Geschwindigkeitsbauch* der Luftmoleküle (Schnellebauch) anordnen. An einem solchen Ort besitzen die Luftmoleküle maximale kinetische

Energie, die innerhalb des porösen Stoffes in Wärme verwandelt wird, was eine Absorption der stehenden Schallwelle zur Folge hat.

Viele Bastler – und nicht nur sie allein – bringen schallabsorbierende poröse Platten unmittelbar auf den Wänden der Box an. Wie soeben ausgeführt wurde, wird dadurch aber praktisch keine Schallwellenabsorption erhalten, weil an der Wand selbst die Luftmoleküle keine kinetische Energie haben. Damit ein poröser Absorber wirksam wird, muß man ihn im Abstand von $\lambda/4$ vor der schallharten Wand anordnen, denn dort haben die Luftmoleküle einen Schnellebauch des Stehwellenfeldes. Damit also ein poröser Absorber überhaupt wirksam wird, wenn man ihn auf die Wände der Box anordnet, muß das Material eine entsprechende Dicke haben, damit es an einem Ort maximaler Schnelle der Luft zu liegen kommt. Über diese Fragen herrscht viel Unklarheit, und zwar nicht nur im Lager der Amateure. Sollen tiefe Frequenzen absorbiert werden, muß das Absorptionsmaterial, z.B. Stein- oder Glaswollmatten, eine Dicke von etwa 15 . . . 20 cm aufweisen, falls die Matten unmittelbar auf die Gehäusewände aufgebracht werden.

In praktischen Fällen tritt in einem abgeschlossenen Gehäusehohlraum ein ganzes Spektrum von Eigenschwingungen auf, und zwar in allen 3 Raumebenen. Alle diese Resonanzfrequenzen müssen unterdrückt werden. Für eine Box mit rechteckigem Querschnitt lassen sich die Eigenfrequenzen berechnen nach der Formel

$$f_R = \frac{c}{2}\sqrt{\frac{n_1^2}{a^2} + \frac{n_2^2}{b^2} + \frac{n_3^2}{c^2}} \qquad (33)$$

wobei c die Schallgeschwindigkeit in Luft (340 m/s), n_1, n_2, n_3 ganze positive Zahlen, die sich auf die jeweilige Ordnung (Modus) der Eigenschwingung beziehen, und a, b, c die Kantenlängen der Box (Innenabmessungen) in den drei Raumrichtungen sind. Werden diese Eigenfrequenzen nicht unterdrückt oder zumindest hinreichend bedämpft, so geben sie zu Unregelmässigkeiten in der Übertragungskennlinie des Lautsprechers Anlaß, wobei Töne bestimmter Frequenzen stärker oder schwächer als andere hervortreten. Gehäuse von prismatischer, hexagonaler oder kugelförmiger Gestalt sind in dieser Hinsicht günstiger als rechteckförmige oder gar würfelförmige, bei denen gegenüberliegende Wände parallel zueinander laufen. Verwendet man wie üblich rechteckförmige Lautsprecherboxen, so sollten die Abmessungen keiner Wand in den drei Raumrichtungen dreimal die Ausdehnung einer anderen Wand überschreiten. Man wähle das Verhältnis der Innenseiten der Box 0,8 : 1 : 1,25 oder 0,6 : 1 : 1,6. Der Lautsprecher soll möglichst nicht im Mittelpunkt der Schallwand liegen, sondern vielmehr in horizontaler und vertikaler Richtung versetzt werden.

Zur Absorption stehender Wellen benutzt man Matten aus Glaswolle oder Steinwolle bzw. kunstharzgebundene Mineralfaserplatten. Ein geeignetes Material ist ISOVER SP/TRS 30 von Grünzweig + Hartmann und Glasfaser AG.

In vielen Fällen ist es zweckmäßig, den gesamten Gehäusehohlraum lose mit langfasriger Naturwolle[1] zu füllen. Langfasrige Naturwolle erweist sich Glaswolle und Steinwolle überlegen, weil sie weniger stark reflektiert[2].

Einige Amateure verwenden zur Schalldämpfung von Lautsprechergehäusen im Handel für Verpackungszwecke übliche Schaumstoffplatten. Diese Materialien sind für Lautsprecherboxen ganz ungeeignet. Eine speziell entwickelte Schaumstoffplatte für das Bedämpfen von Lautsprecherboxen ist die Type NG 14/2 PRITEX[3].

Die Schallabsorption in weichen porösen Stoffen kommt dadurch zustande, daß die Luftmoleküle in ihnen Wärme durch Reibung erzeugen. Durch das Füllen der Box mit einem weichen porösen Dämpfungsmaterial wird das effektive Volumen der Box nicht etwa verringert, sondern es wird im Gegenteil *vergrößert.* Der Grund hierfür liegt darin, daß sich die Schallgeschwindigkeit in einem solchen Stoff gegenüber derjenigen in Luft verringert. Zwischen gegenüberliegenden Wänden haben wegen Abnahme der Wellenlänge entsprechend mehr Wellenlängen Platz, als wenn der Gehäusehohlraum nur mit Luft gefüllt ist. Das entspricht einer effektiven Vergrößerung des Gehäuses.

---

1) Lieferant: LSV-Hamburg, Postfach 760802, 2000 Hamburg 76

2) L.J.S. Bradbury, The Use of Fibrous Materials in Loudspeaker Enclosures. Journ. Audio Eng. Soc. Vol. 24, No. 3 (1976) 162

3) Lieferant: Römer Audio Equipment GmbH, Adalbertsteinweg 253, 5100 Aachen

Kleine Kompaktboxen, deren Gehäuse mit derartigen Absorptionsstoffen angefüllt sind, weisen daher ein bis etwa 30 % größeres effektives Volumen auf, als es geometrisch den Anschein hat.

5 Baßreflexbox oder Phasenumkehrbox

Eine Baßreflexbox ist ein Tieftongehäuse, das neben der Lautsprecheröffnung noch eine zweite Öffnung hat. Während bei einem geschlossenen Gehäuse die von der Rückseite der Lautsprechermembran ausgehenden Schallwellen innerhalb des Gehäuses absorbiert werden und damit zur Schallwiedergabe nicht zur Verfügung stehen, werden bei der Baßreflexbox auch die von der Rückseite der Lautsprechermembran ausgehenden Schallwellen auf dem Wege über die zweite Öffnung, die sogenannte Baßreflex- oder Phasenumkehröffnung, hörbar gemacht (*Abb. 69*). Die Phasenumkehröffnung hat häufig eine tunnelförmige Öffnung. An Stelle einer zweiten Austrittsöffnung kann auch ein passiver Lautsprecher treten, d.h. eine Membran, die von den Schallwellen des eigentlichen Lautsprechers zu erzwungenen Schwingungen angeregt wird.

Baßreflexgehäuse und eingebauter Lautsprecher bilden zwei miteinander gekoppelte Schwingkreise. Das Baßreflexgehäuse

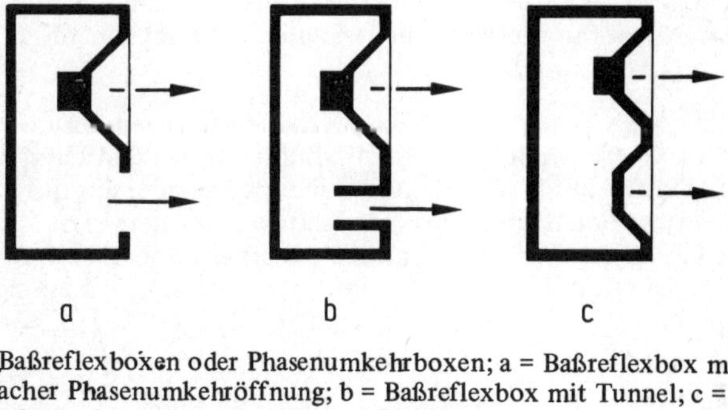

69 Baßreflexboxen oder Phasenumkehrboxen; a = Baßreflexbox mit einfacher Phasenumkehröffnung; b = Baßreflexbox mit Tunnel; c = Baßreflexbox mit passivem (parasitären) Strahler

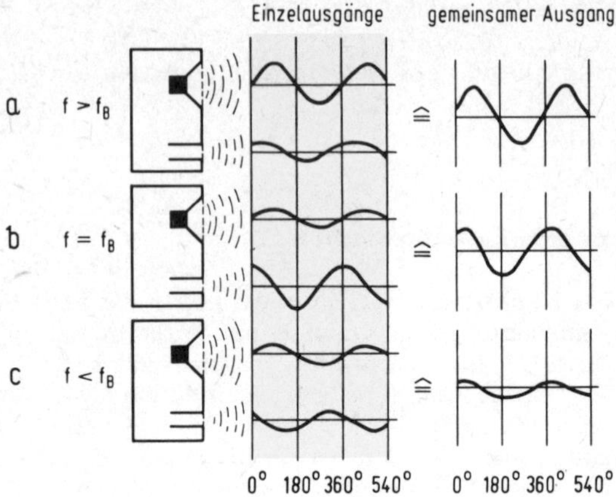

70 Zur Wirkungsweise der Baßreflexbox

ist ein sogenannter Helmholtz-Resonator[1]), dessen Eigenfrequenz mit Hilfe der Baßreflex- oder Tunnelöffnung abstimmbar ist. *Abb. 70* veranschaulicht für 3 repräsative Frequenzen die individuellen Schallanteile von der Lautsprechermembran und aus der Tunnelöffnung, sowie deren effektive (Vektor)summe.

Im Fall *Abb. 70b* ist die Frequenz gleich der Eigenfrequenz f_B des Gehäusehohlraumes der Box, $f = f_B$ (Resonanz). Hierbei besteht zwischen den von der Lautsprechermembran und aus der Tunnelöffnung herrührenden Schallanteilen eine Phasenverschiebung von 90°. Der meiste Schall wird aus der Tunnelöffnung abgestrahlt, während der von der Lautsprechermembran herrührende relativ schwach ist.

Abb. 70a veranschaulicht das Verhalten für Frequenzen $f > f_B$. In diesem Betriebsbereich nimmt der aus der Tunnelöffnung austretende Schallanteil mit zunehmender Frequenz ab, während der Schallanteil von der Lautsprechermembran, der für $f = f_B$ ein Minimum hat, hauptsächlich an der Schallstrahlung beteiligt ist. Je höher die Frequenz ist, desto mehr nähert sich die Phasendifferenz zwischen beiden Schallanteilen dem Wert 0°.

---

1) Nach dem Physiker Helmholtz, der Hohlkugeln mit kleinen tunnelförmigen Öffnungen (Kugelresonatoren) zur Klanganalyse benutzte.

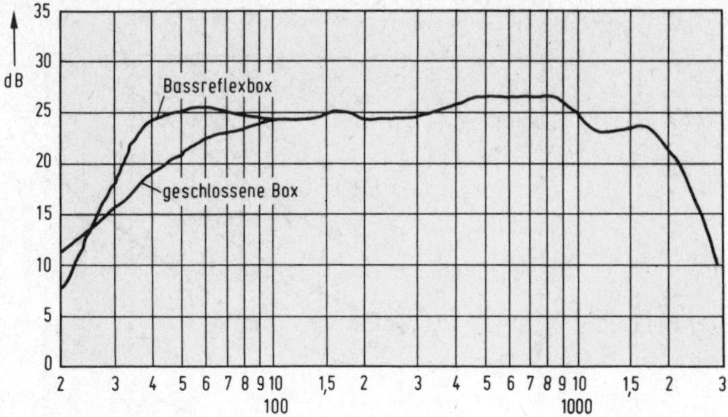

71 Übertragungskennlinie des Chassis JBL 136A in einem geschlossenen 170-Liter Gehäuse (untere Kurve) und in einem 170-Liter Baßreflexgehäuse (obere Kurve)

Abb. 70c veranschaulicht den Sachverhalt für Frequenzen unterhalb der Eigenfrequenz der Box, $f < f_B$, wo die beiden Schallanteile gegenphasig sind und sich gegenseitig schwächen. Je niedriger die Frequenz ist, desto weniger Schall wird von der Lautsprechermembran und aus der Tunnelöffnung abgestrahlt, bis bei Erreichen einer Phasendifferenz von 180° vollständige Auslöschung der beiden Anteile zustande kommt.

Die Anwendung eines Baßreflexgehäuses liefert im Vergleich zu einem gleich großen geschlossenen Gehäuse unter Verwendung des gleichen Lautsprechersystems eine verstärkte Tieftonabstrahlung. Das geht aus *Abb. 71* hervor. Die beiden Übertragungskennlinien beziehen sich auf den Tieftonlautsprecher JBL 136 A in einem 170-Liter Gehäuse, wenn es das eine Mal als geschlossene Box und das andere Mal als Baßreflexbox benutzt wird.

Die im Tunnel bzw. der Tunnelöffnung befindliche Luftmasse wirkt als akustische Induktivität, die im Gehäusehohlraum befindliche Luft stellt infolge ihrer Nachgiebigkeit (Compliance) eine akustische Kapazität dar. Durch Änderung von Tunnelöffnung und/oder Tunnellänge läßt sich die Eigenfrequenz der Baßreflexbox abstimmen. Ein Diagramm zur Bestimmung der erforderlichen Tunnellänge und Tunnelöffnung

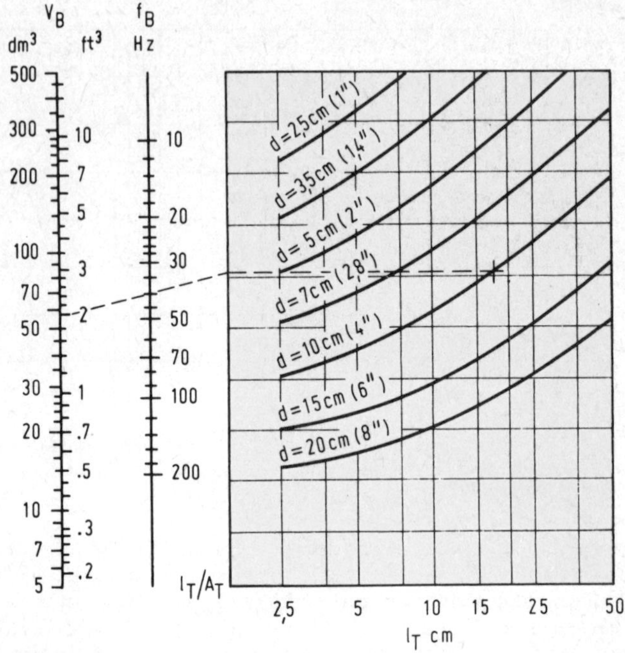

72 Nomogramm zur Bestimmung der Tunnelabmessungen für Baßreflexgehäuse (nach R.H. Small)

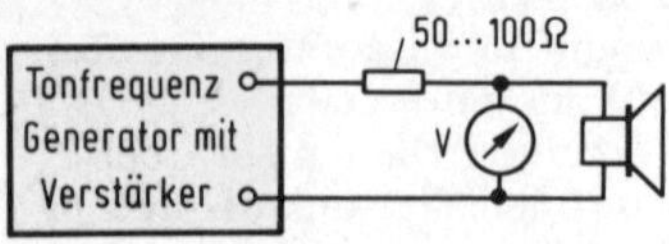

72a Schaltung zur Bestimmung der Resonanzfrequenz eines Lautsprechers

gibt *Abb. 72*[1]. Zum Gebrauch des Diagrammes geht man von einem gegebenen Gehäusevolumen V_B aus und legt durch die Vertikale f_B, welche die jeweilige Eigenfrequenz des Baßreflexgehäuses angibt, eine Gerade, die mit der l_T/A_T-Vertikalen (l_T = Tunnellänge, A_T = Fläche der Tunnelöffnung) zum

1) R.H. Small, Vented Box Loudspeaker Systems. J. Audio Eng. Soc. Vol. 21, No. 5 (1973) 363 . . . 372, Vol. 21, No. 6 (1973) 438 . . . 444, Vol. 21, No. 7 (1973) 549 . . . 639

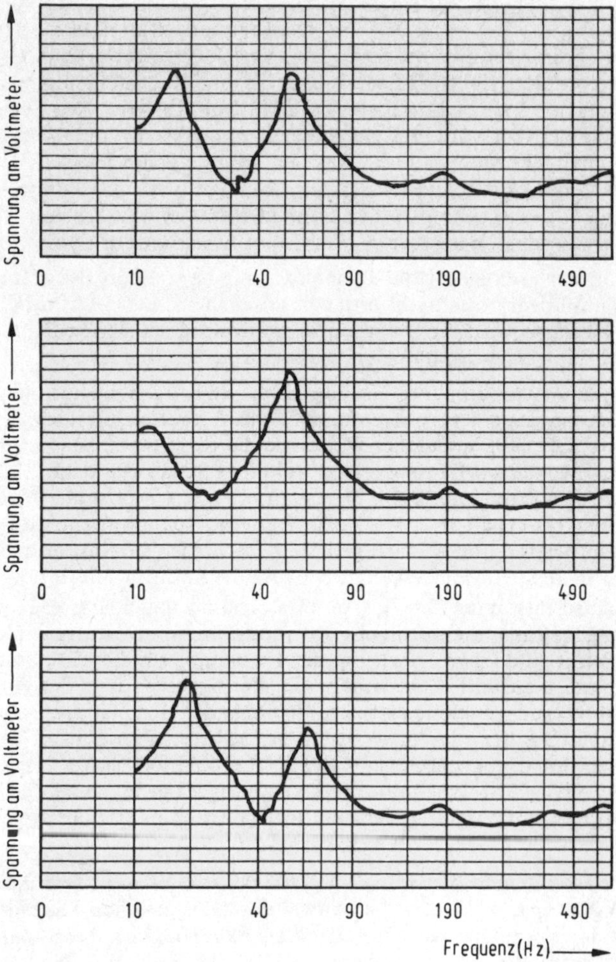

73 Spannungsverlauf als Funktion der Frequenz bei einer Baßreflexbox, a) Baßreflexöffnung bzw. Tunnel richtig abgestimmt, b) Baßreflexöffnung zu klein, c) Baßreflexöffnung zu groß

Schnitt gebracht wird. Das ist in *Abb. 66* für ein Gehäusevolumen V_B = 57 dm^3 (Liter) und der Frequenz f_B = 40 Hz erläutert. Vom Schnittpunkt mit der l_T/A_T-Vertikalen geht man dann in horizontaler Richtung nach rechts bis eine Kurve erreicht wird, welche die kleinste zulässige Tunnelöffnung angibt. Der Schnittpunkt der Horizontalen mit dieser Kurve gibt auf der Abszisse die dazugehörende Tunnellänge an. Wenn z.B. im Beispiel der Durchmesser der Tunnelöffnung 10 cm ist, muß die Tunnellänge 17,5 cm betragen. Für Tunnelöffnungen mit Werten zwischen den angegebenen Werten muß man interpolieren.

In der Praxis darf die Tunnelöffnung bzw. Baßreflexöffnung eine Mindestgröße nicht unterschreiten. Wird diese Öffnung zu klein, so wird die Strömungsgeschwindigkeit der Luftmoleküle darin so groß, daß Geräusche hörbar werden können.

Zur Anwendung des Nomogramms *Abb. 72* benötigt man die Kenntnis der Eigenfrequenz f_B des Baßreflexgehäuses. Diese läßt sich in gleicher Weise wie die Resonanzfrequenz des eingebauten Lautsprechers mit einer Schaltung nach *Abb. 72a* ermitteln. Beim Durchstimmen des Tonfrequenzgenerators erhält man am Voltmeter eine Spannungsanzeige entsprechend den Kurven gemäß *Abb. 73*. Ist die Baßreflexbox richtig abgestimmt, haben also Lautsprecher und Baßreflexgehäuse Resonanz ($f = f_B$), so entstehen zwei gleich große Spannungsmaxima, die durch ein Spannungsminimum voneinander getrennt sind (*Abb. 73a*). Bei der Frequenz, wo dieses Spannungsminimum auftritt, liegt annähernd die Eigenfrequenz des eingebauten Lautsprechers als auch diejenige der Box. Ist die Baßreflexöffnung zu klein, so ist das bei höheren Frequenzen auftretende Spannungsmaxima größer als das bei niedrigeren Frequenzen (*Abb. 73b*). Ist die Baßreflexöffnung zu groß, so ist das Spannungsmaxima bei der niedrigeren Frequenz größer als dasjenige bei der höheren Frequenz (*Abb. 73c*).

Betreibt man die Box als geschlossenes Gehäuse ohne Baßreflexöffnung, so kommt bei Anwendung des gleichen Lautsprechers bei der Frequenz, wo bei Betrieb als Baßreflexbox das Spannungsminimum auftritt, ein Spannungsmaximum zustande. Bei der betreffenden Frequenz liegt die Eigenresonanz des Lautsprechers; hier nimmt die Impedanz der Lautsprecherschwingspule steil zu.

Ist die Baßreflexöffnung mit einem Tunnel versehen, so können zur Abstimmung die Tunnellänge oder/und die Tunnelöffnung geändert werden. Für eine gegebene Tunnelöffnung ergibt sich effektiv eine kleinere Tunnelöffnung, wenn die Tunnellänge vergrößert wird. Als Tunnel von kreiszylindrischem Querschnitt kann man Papprohre oder Plastikrohre hinreichender Steife verwenden. Tunnel rechteckigen Querschnitts stellt man aus Hartspanplatten oder aus bituminierten Weichfaserplatten her. Es ist zweckmäßig die Tunnel aus kurzen Stücken aufzubauen, um Abstimmung der Tunnellänge zu ermöglichen. Die Austrittskanten des Tunnels rundet man ab, um Ecken und Kanten zu vermeiden, da hier infolge von Luftreibung Störgeräusche bei der Lautsprecherwiedergabe auftreten können. Im „Anhang" findet der Leser zwei Diagramm-Bogen, worin die Spannung am Voltmeter als Funktion der Frequenz aufgetragen und die richtige Abstimmung der Baßreflexöffnung bzw. Tunnellänge ermittelt werden kann.

Während bei der geschlossenen Box der innerhalb der Box von der Rückseite der Lautsprechermembran erzeugte Schall möglichst vollständig durch poröse Stoffe absorbiert werden muß, nutzt die Baßreflexbox die vom Lautsprecher rückwärts abgestrahlten Schallschwingungen im Gehäuse zur Abstrahlung in den Abhörraum aus. Eine gewisse Dämpfung des Gehäusehohlraumes ist jedoch auch bei einer Baßreflexbox erforderlich. Nicht richtig bedämpfte Baßreflexboxen haben ein ungünstiges Ein- und Ausschwingverhalten („hangover") und erzeugen bumsartige Bässe, die im Originalschall nicht enthalten sind. Beim Abschalten des speisenden Signals schwingt der Lautsprecher nicht sofort aus, sondern das Ausschwingen vollzieht sich infolge der Kopplung zwischen Lautsprecher und Gehäusehohlraum (Helmholtz-Resonator) mit einem schwebungsartigen Hin- und Herfluten der Energie. Zum Bedämpfen kann man die Öffnung des Lautsprecherkorbes, durch die der Schall in den Gehäusehohlraum eingestrahlt wird, mit dünnem Verbandsmull schließen. Dann wird auf die rückseitige Korboberfläche gereinigte und fein gezupfte Polsterwatte oder langfasrige Naturwolle gleichmäßig verteilt aufgelegt, so daß eine Schicht von etwa 5 . . . 10 cm Dicke entsteht. Über diese Absorptionsschicht wird zwecks mechanischer Halterung wieder Verbandsmull gelegt, der längs des Randes des Lautsprecherkorbes in etwa 4 . . . 5 cm Abstand von diesem auf der Schallwand, z.B. mit Heftzwecken, befestigt wird. Durch die beschriebene Maßnahme wird die Baßwiedergabe differenzierter und natürlicher. Besonders werden dadurch impulsartige Töne mit kurzer Einschwingzeit besser abgestrahlt. In einigen Fällen ist es außerdem notwendig, daß gegenüberliegende Innenwandflächen mit schallabsorbierendem Stoff versehen werden oder entsprechendes Dämpfungsmaterial innerhalb des Gehäusehohlraumes angebracht wird. In anderen Fällen genügt es, allein das Gehäuse durch Anbringen schallabsorbierender Stoffe zu dämpfen. Zu viel Dämpfung setzt den Wirkungsgrad der Baßreflexbox herab und die Lautsprecherwiedergabe klingt „flau“ oder „farblos“. Die erforderliche Dämpfung ist durch Abhören zu bestimmen und hängt von den Eigenschaften des verwendeten Lautsprechers mit ab.

Im übrigen sind beim Aufbau eines Baßreflexgehäuses die gleichen Gesichtspunkte hinsichtlich Schalldämmung wie bei geschlossenen Lautsprechergehäusen zu beachten. Nach Möglichkeit verwende man Gehäuse mit sandgefüllten Wänden nach dem Sandwichprinzip.

Wie schon erwähnt wurde, kann die Baßreflexöffnung durch einen passiven Strahler ersetzt werden, dessen Membran vom Lautsprecher zu erzwungenen Schwingungen angeregt wird. Der passive Strahler ist ein Lautsprechersystem, das kein Magnetfeld aufweist und eine extrem weich eingespannte Membran (hohe Nachgiebigkeit) mit sehr niedriger Resonanzfrequenz um 10 Hz hat. Die Membran des passiven Strahlers kann im Prinzip beliebig groß sein. In praktischen Fällen begrenzen jedoch die Schallwandfläche und Gehäuse die Größe der Membran, so daß man Membranen von etwa gleicher Größe wie für den Lautsprecher verwendet.

Die Wirkungsweise einer Baßreflexbox mit passivem Strahler entspricht weitgehend derjenigen der normalen Baßreflexbox. Wie bei der gewöhnlichen Baßreflexbox ergeben sich zwei Spannungs- bzw. Impedanzmaxima mit dazwischen liegendem Minimum beim Durchstimmen der Frequenz. Verschiedentlich wird die Meinung geäußert, daß wegen der etwa doppelt so großen Membranfläche von passiven Strahler + Lautsprechersystem eine verstärkte Abstrahlung resultiert. Das ist ein Irrtum! Die passive Membran vergrößert nicht die effektive Membranfläche. Vielmehr wird die Schallstrahlung der passiven Membran erst dann wirksam, wenn kaum noch Schall vom Lautsprecher selbst abgestrahlt wird. Die Zusammenhänge unterscheiden sich nicht von der herkömmlichen Baßreflexbox und wurden anfangs dargelegt.

6 Exponentialboxen oder Falthörner

Eine besonders saubere und wirkungsstarke Tieftonabstrahlung erhält man mit Exponentialgehäusen. Sie entsprechen im Prinzip den schon besprochenen Horn- oder Trichterlautsprechern für höhere Frequenzen. Da ein Tieftonhorn von gestreckter Bauweise eine Länge erfordert, die in normalen Räumen nicht unterzubringen ist, wird der Trichter durch Falten aus mehreren Kammern aufgebaut, deren Ausgangsquerschnitte sich nach einer Exponentialfunktion vergrößern. Wie der gestreckte Trichter hat eine Exponentialbox mit Falttrichter eine untere Grenzfrequenz, unterhalb deren keine Abstrahlung mehr zustande kommt. Die Resonanzfrequenz der verwendeten Lautsprecherchassis spielt infolge der hohen Strahlungsdämpfung des Treibers in einer Exponentialbox nur eine untergeordnete Rolle [1]. Dessen Resonanzfrequenz wird nämlich so stark gedämpft, daß sie praktisch nicht in Erscheinung tritt. Daher kann mit einer Exponentialbox Schallabstrahlung bis herab zur Grenzfrequenz der Box mit hohem Wirkungsgrad erhalten werden, selbst wenn die Resonanzfrequenz des Treibers eine halbe oder sogar eine ganze Oktave oberhalb der Grenzfrequenz des Exponentialgehäuses liegt. Z.B. erhält man mit einem Treiber, der im nichteingebauten Zustand eine Eigenresonanz von 60 . . . 70 Hz hat, Wiedergabe bis herab zu etwa 30 Hz, falls die Grenzfrequenz der Box 30 Hz beträgt. Da andererseits wegen der hohen Strahlungsdämpfung das Aus- und Einschwingen des Treibers günstig beeinflußt wird, liefert eine Exponentialbox gleichzeitig eine ungewöhnliche transparente und verzerrungsarme Tieftonwiedergabe, wie sie mit anderen Tieftongehäusen nicht zu erzielen ist. Allerdings erfordern gute Exponentialboxen große Abmessungen, ein Gesichtspunkt, der das Aufstellen von Exponentialboxen in Wohnräumen vielfach einschränkt.

Die *Abb. 74* und *75* zeigen das Prinzip und den Aufbau einer Exponentialbox [2], bei der der von der Membranrückfläche des Treibers ausgehende Schall über eine Druckkammer und Exponentialführung in den Abhörraum gelangt. Der von der Membranvorderfläche ausgehende Schall wird dagegen direkt in den

---

1) Es sind jedoch die Einbauempfehlungen hinsichtlich Q–Faktor (II, 3) für Treiberchassis zu beachten!

2) W. Schmacks, Radio Mentor, Bd. 24, S. 387 . . . 389

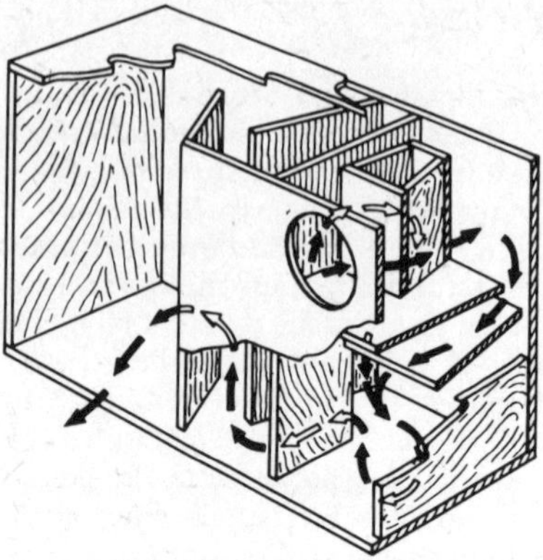

74 Exponentialbox, bei der Schall sowohl rückwärts als auch von der Vorderfläche des Chassis in den Raum abgestrahlt wird (nach Schmacks) (Bauzeichnung RPB 311)

75 Unten: Laboraufbau einer Expobox nach Abb. 74 (Bauzeichnung RPB 311)

Abhörraum eingestrahlt. Da der rückwärts aus der Expoöffnung austretende Schall gegenphasig zu der von der vorderen Membranfläche ausgehende ist, kommt bei einer bestimmten Frequenz teilweise Auslöschung durch Interferenz zustande. Daher sollte eine solche Exponentialbox nur bei genügend tiefen Frequenzen ≤ 180 Hz betrieben werden, wo dieser Effekt noch nicht wirksam ist. Die meiste Schallenergie wird über die Exponentialöffnung in den Abhörraum eingestrahlt.

75a Klirrfaktor der Exponentialbox nach Abb. 75

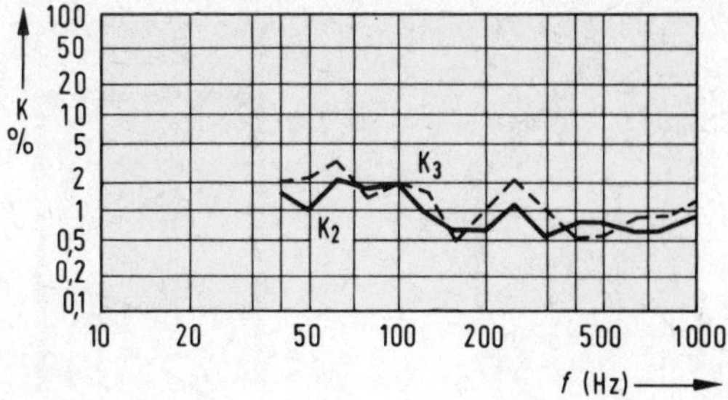

Wie der Klirrfaktor dieser Box für die 1te und 2te Harmonische von der Frequenz abhängt, zeigt *Abb. 75a.* Zugrunde lag bei dieser Messung ein Treiber mit 6 Watt Nennbelastbarkeit bei 5 Watt Eingangsleistung. Bei Betrieb des gleichen Chassis in einer geschlossenen Box von derselben Größe und bei gleicher Eingangsleistung sind die nichtlinearen Verzerrungen eine Zehnerpotenz größer.

Wegen des hohen Wirkungsgrades der Tieftonwiedergabe muß man Exponentialboxen mit entsprechend kräftigen Mittel- und Hochtonlautsprechern kombinieren, damit das akustische Gleichgewicht der Kombination gewahrt bleibt. Solange man übliche dynamische Konuslautsprecher mit Direktstrahlung (ohne Horn) zur Wiedergabe der mittleren und hohen Frequenzen benutzt, sind Tieftonlautsprecher mit relativ schwachem magnetischen Gesamtfluß (Größenordnung 30 000 . . . 50 000 Maxwell) in der Exponentialbox zu verwenden. Bei Tieftonlautsprechern mit höherem magnetischen Gesamtfluß werden Trichterlautsprecher zur Wiedergabe der mittleren und hohen Frequenzen benötigt, damit das akustische Gleichgewicht der Lautsprecherkombination erhalten bleibt.

Bei der beschriebenen Exponentialbox wird der Lautsprecher nur auf einer Membranseite akustisch durch die trichterförmige Schallführung belastet, nicht aber auch auf der anderen Membranseite, wo er ohne Zwischenschaltung einer Schallführung frei in den Abhörraum strahlt. Bei der Hin- und Herbewegung findet die Lautsprechermembran also unterschiedliche akustische Belastungen vor. Vom Standpunkt kleinstmöglicher nichtlinearer Verzerrungen ist es günstiger, wenn der Lautsprecher beidseitig akustisch

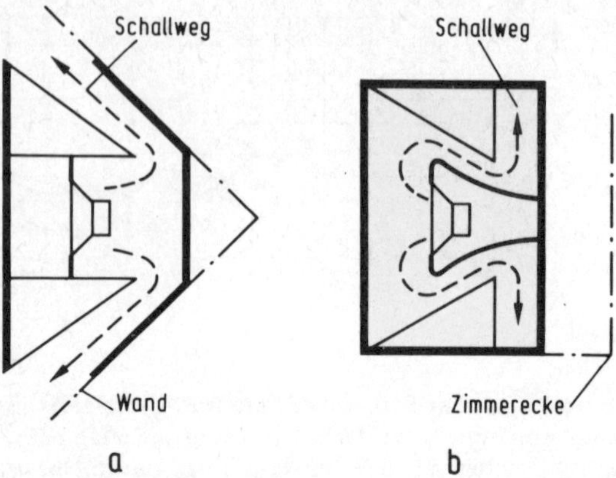

76 Prinzip des Klipschhorns (Klipsch-Horn). a = Aufsicht, b = Seitenansicht

77 Ausführung eines Klipsch-Horns (Bauzeichnung: RPB 311)

belastet wird. Das kann dadurch geschehen, daß ein zweites Horn angesetzt wird oder auch dadurch, daß der Lautsprecher durch eine Kammer auf der dem Horn gegenüberliegenden Membranseite abgeschlossen wird. Auf diesem Gedanken beruht das *Klipschhorn*[1], dessen Prinzip aus *Abb. 76* ersichtlich ist. Den Aufbau eines selbstgebauten Klipsch-Horns mit 28 cm Baßlautsprecher zeigt *Abb. 77*[2].

Ein in seinen Abmessungen gewaltiges Horn ist das wegen seines Aussehens so genannte *Dinosaurier-Horn* (*Abb. 78*). Nur ein echter Hi-Fi-Fanatiker kann ein solches Horn bauen und – in seiner Wohnung aufstellen.

Soll ein Horn nur tiefe Frequenzen übertragen, nicht aber auch hohe Frequenzen, so schaltet man zwischen Treiberchassis bzw. Treibergehäuse und dem Tieftonhorn einen kleinen Gehäusehohlraum ein. Dieser wirkt wie ein Tiefpaßfilter bzw. wie eine Kapazität, die dem Hornhals im Ersatzschaltbild parallel liegt (*Abb. 78a*). Dieser Kompensationshohlraum läßt nur tiefe Frequenzen hindurch und sperrt hingegen alle Frequenzen oberhalb einer bestimmten Frequenz.

Das erforderliche Volumen dieses Hohlraumes berechnet sich zu

$$V = \frac{c \cdot A_H}{2\pi \cdot f} \tag{33 a}$$

c = Schallgeschwindigkeit in Luft 340 m/sec
A_H = Fläche des Trichterhalses (m^2)
f = höchste Übertragungsfrequenz (Hz)

Es erhebt sich die Frage, weshalb ein gegebenes Horn nicht sowohl tiefe als auch gleichzeitig hohe Frequenzen übertragen soll. Die Gründe hierfür sind folgende. Einerseits würden die von verschiedenen Punkten der Treibermembran (Tieftonchassis) ausgehenden Schallwellen verschieden lange Wege bis zum Trichterhals durchlaufen. Dadurch kommt es infolge von Interferenz zu partiellen Auslöschungen und Verstärkungen bei verschiedenen Frequenzen. Zum anderen entstehen bei höheren Frequenzen

---

1) P.W. Klipsch, A low frequency horn of small dimensions. Journ. Acoust. Soc. Vol. 13, No. 2 (1941) S. 137 . . . 144

2) Die Lichtbilder wurden freundlicherweise von H.W. Höltkemeier (Tel.: 05731/29631) zur Verfügung gestellt.

78 Dinosaurier-Horn (Bauzeichnung: RPB 311)

durch Ausbildung stehender Wellen zwischen den Trichterwänden Resonanzzustände. Beide Mechanismen führen zu einem unregelmäßigen Verlauf der Übertragungskennlinie und zu Klangverfälschungen. Die Praxis lehrt, daß man bei einer Hornstrahlerkom-

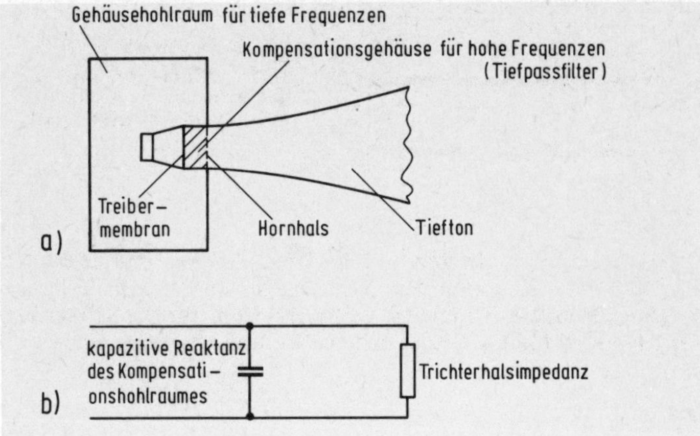

bination zur Wiedergabe des gesamten Frequenzbereiches am besten drei verschiedene Trichter einsetzen muß, und zwar einen für den Bereich 40 bis 400 Hz (Tieftonhorn), ein Mitteltonhorn für Frequenzen zwischen 400 und 3000 Hz und ein Hochtonhorn. Mit gewissen Qualitätseinschränkungen kommt man mit zwei Hornstrahlern (40 bis 800 Hz) und (800 bis 15000 Hz) aus.

7 Transmission Line Box

Bei dieser Art von Tieftongehäusen nutzt man die Tatsache aus, daß eine Schalleitung von bestimmter Länge Resonanzeigenschaften hat. Der Lautsprecher befindet sich an dem einen Ende der Leitung und schließt diese nach außen hin ab, während das entgegengesetzte Leitungsende offen ist. Bei der Leitungslänge $l = \lambda/4$ kommt am offenen Leitungsende ein Geschwindigkeitsbauch (Schnellebauch) und ein Knoten der Druckverteilung der stehenden Luftsäule zustande[1] (*Abb. 79*). Am anderen Leitungsende, wo sich der Lautsprecher befindet, hat umgekehrt

---

[1] Auf diese Zusammenhänge wurde im Kap. VI, 3 d bereits eingegangen.

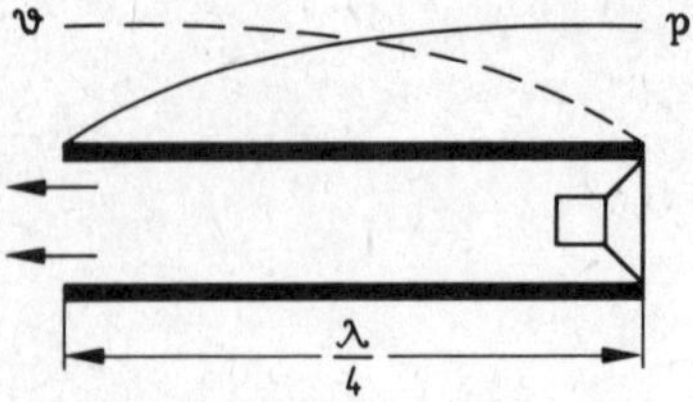

79 Geschwindigkeitsverteilung v und Druckverteilung p der stehenden Luftsäule bei einer λ/4 Resonanzleitung

die Schnelle einen Knoten und der Druck ein Maximum. Der Lautsprecher führt in diesem Resonanzzustand maximale Leistung an die stehende Luftsäule im Leitungssystem ab. Die Schallenergie tritt hauptsächlich aus dem offenen Ende der Leitung aus. Töne der Frequenz

$$f = \frac{c}{4\,l}\ , \quad c = 340\ \text{m/s}$$

werden besonders stark aus ihr abgestrahlt. Hat die Leitung z.B. eine Länge l = 2 m, so ergibt sich eine besonders intensive Abstrahlung bei der Frequenz

$$f = \frac{c}{4\,l} = \frac{340\ \text{m/s}}{8\ \text{m}} = 42{,}5\ \text{Hz}$$

Macht man die Transmission Line genügend lang, so kann man sehr tiefe Töne, wie Orgeltöne, hörbar machen. Auch für Leitungslängen l = 3 λ/4, 5 λ/4, 7λ/4 . . . usw. ergeben sich durch Resonanz der stehenden Luftsäule selektive Verstärkungen der aus der Öffnung abgestrahlten Schallwellen.

Abb. 80 veranschaulicht das Aufbauprinzip einer Transmission Line Box. Der von der Rückseite der Lautsprechermembran abgestrahlte Schall wird in seiner sich verjüngenden Umwegleitung zum offenen Leitungsende geführt. Die Leitung ist mit einem Dämpfungsstoff, z.B. langfasrige Naturwolle, locker angefüllt. Das Dämpfungsmaterial bewirkt einerseits, daß die Resonanzüberhöhung des Schalldrucks bei der Resonanzfrequenz der Leitung gedämpft wird, wodurch das Ein- und Ausschwingverhalten des Lautsprechers verbessert und die Lautsprecher-

80 Aufbauprinzip einer Transmission-Line Box

wiedergabe differenzierter wird. Auch kommt eine Verstärkung jetzt innerhalb eines breiteren Frequenzbereiches in der Umgebung der Resonanzfrequenz zustande. Man darf weder zu viel noch zu wenig Dämpfungsstoff einbringen. Die günstigste Füllmenge ermittelt man am besten durch Abhören.

Andererseits hat das Dämpfungsmaterial in der Schalleitung zur Folge, daß sich die effektive Leitungslänge vergrößert. Der Grund liegt darin, daß die Schallgeschwindigkeit im Dämpfungsmaterial kleiner ist als in Luft, z.B. c = 300 m/sek (statt 340 m/sek). Dadurch ergibt sich für eine gegebene Frequenz eine entsprechend kürzere Wellenlänge $\lambda = c/f$. Für eine Länge der Schalleitung von l = 2 m erhält man z.B. Resonanz und verstärkte Abstrahlung bei der Frequenz

$$f = \frac{300 \text{ m/s}}{8 \text{ m}} = 37{,}5 \text{ Hz}$$

Es werden also durch das Füllen der Transmission Line mit Dämpfungsstoff bei gegebener geometrischer Leitungslänge tiefere Frequenzen als bei ungefüllter Leitung verstärkt abgestrahlt. Umgekehrt kann man die Länge der Leitung reduzieren, wenn sie mit Dämpfungsmaterial gefüllt wird. Die Laborausführung einer Transmission-Line Box zeigt *Abb. 81*. Bauzeichnungen findet man im RPB 311. Optimale Baßabstrahlung kommt zu-

81 Transmission-Line Lautsprecherbox mit abgenommener Seitenwand (Bauzeichnung RPB 311)

stande, wenn die $\lambda/4$-Leitung Resonanz mit der Eigenfrequenz des Lautsprecherchassis hat. Bei der Resonanzfrequenz (Grundresonanz) ist der vom offenen Leitungsende abgestrahlte Schall in Phase mit dem von der Vorderfläche des Chassis in den Abhörraum eingestrahlten Schall. Für tiefere Frequenzen unterhalb der Resonanzfrequenz sind diese beiden Schallanteile gegenphasig. Bei höheren Frequenzen sind die beiden Schallanteile je nach Wellenlänge gleich- oder gegenphasig. Das hat einen irregulären Verlauf der Übertragungskennlinie im Bereich der mittleren Frequenzen zur Folge. Transmission-Line Boxen sollten nur zur Abstrahlung tiefer Frequenzen unterhalb etwa 250 Hz eingesetzt werden.

VII Frequenzweichen

Frequenzweichen haben die Aufgabe, den von einer Lautsprecherkombination abzustrahlenden Frequenzbereich in zwei, drei oder vier Teilbereiche aufzuteilen und diese den dafür vorgesehenen Lautsprechern bzw. Lautsprecherchassis zuzuführen. So unterscheidet man Zweiwegweichen, die den Übertragungsfrequenzbereich in zwei Teilbereiche aufteilen und sie einem Tieftonlautsprecher und einem Hochtonlautsprecher zuführen. Mit einer Dreiwegweiche wird der Frequenzbereich in drei Unterbereiche aufgeteilt, wobei die tiefen Frequenzen einem Tieftonchassis, die mittleren Frequenzen einem Mitteltonchassis und die hohen Frequenzen einem Hochtonsystem zugeführt werden. Damit allein ist es aber noch nicht getan. Die Weiche muß außerdem bestimmte Entzerrungsaufgaben übernehmen und sie muß nicht nur eine genügende Dämpfung im Sperrbereich gewährleisten, sondern auch ein günstiges Phasenverhalten aufweisen. Die Eigenschaften einer Weiche sind nämlich wesentlich für das herzustellende Richtdiagramm der Lautsprecherbox bestimmend. Erst in den letzten Jahren wurden diese Zusammenhänge erkannt und gezeigt, daß die bisherigen theoretischen Vorstellungen über Frequenzweichen, die auf der elementaren Theorie der elektrischen Filter basieren, für Anwendungen in der Lautsprechertechnik unzulänglich sind[1].

1 Typen von Weichen

Entsprechend der Steilheit ihres Kennlinienverlaufs im Übernahmebereich unterscheidet man

a) Weichen mit 6 dB Spannungsabfall/Oktave
(Weichen 1ter Ordnung)
b) Weichen mit 12 dB Spannungsabfall/Oktave
(Weichen 2ter Ordnung)

---

1) S.H. Linkwitz, Active Crossover Networks for Noncoincident Drivers. Journal Audio Engr. Soc. 24 (1976) 2 . . . 8

c) Weichen mit 18 dB Spannungsabfall/Oktave (Weichen 3ter Ordnung)
d) Weichen mit 24 dB Spannungsabfall/Oktave (Weichen 4ter Ordnung)

Genauer klassifiziert man Frequenzweichen durch Butterworth-Weichen (Filter), Tschebyscheff-Weichen (Filter) und Bessel-Weichen (Filter). Butterworth-Weichen haben innerhalb ihres Übertragungsbereiches einen zufriedenstellend geradlinigen Frequenzverlauf und erst kurz vor der Grenzfrequenz knickt er scharf ab. Tschebyscheff-Weichen weisen oberhalb der Grenzfrequenz den steilsten Abfall auf, jedoch verläuft die Frequenzkennlinie im Durchlaßbereich welliger als bei Butterworth-Filtern. Den geradlinigsten Übertragungsbereich haben Bessel-Weichen, jedoch knickt der Frequenzgang nicht so steil oberhalb der Grenzfrequenz wie bei den anderen beiden Filtertypen auf. Wir beziehen uns im folgenden auf die in der Lautsprechertechnik am häufigsten benutzten Butterworth-Weichen.

2 Weiche 1ter Ordnung mit 6 dB Spannungsabfall/Oktave

Sie stellt die einfachste in der Praxis vorkommende Frequenzweiche dar mit einer einzelnen Induktivität im Tieftonbereich und einer einzelnen Kapazität im Hochtonbereich (*Abb. 82*). Das eingangsseitig eingespeiste Signal wird, unabhängig von der Frequenz, in zwei nach Betrag und Phase exakt gleiche Ausgangssignale aufgeteilt. Falls die räumlich nicht koinzidierenden Tief-

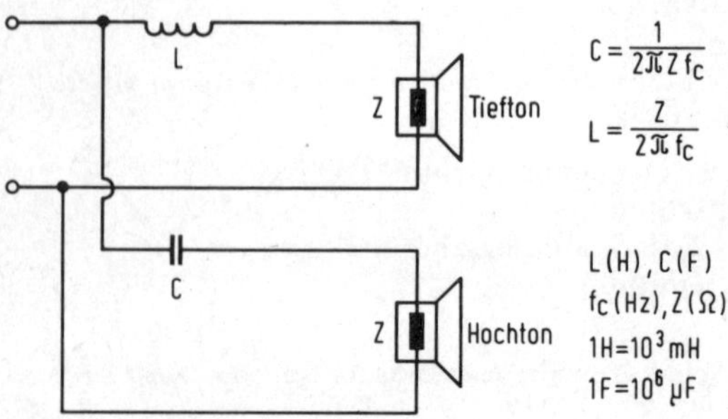

82 Frequenzweiche 1. Ordnung (6 dB/Oktave)

83 Vertikales Polardiagramm einer aus Baß- und Hochtonlautsprecher bestehenden Lautsprecherkombination mit Frequenzweiche ungerader Ordnung a) und gerader Ordnung b)

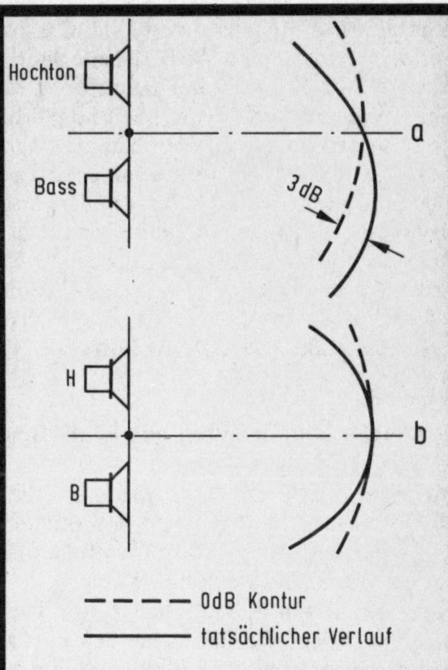

und Hochtonchassis in der gleichen akustischen Ebene vertikal übereinander liegen und einen Abstand von einer Wellenlänge haben (d = 1 λ), ist für einen Hörer, der in der akustischen Bezugsebene der Kombination sitzt, wo also der Abstand zu den beiden Lautsprechern gleich groß ist, die Summe der beiden Ausgangssignale von beiden Lautsprechern unabhängig von der Frequenz. Für eine Hörposition außerhalb der akustischen Bezugsachse ändert sich jedoch die Summe der Ausgangssignale von beiden Lautsprechern mit der Frequenz. Außerdem weisen die beiden Lautsprecher 90° Phasendifferenz auf, so daß die Summe der beiden Ausgangssignale verschieden ist für Hörpositionen oberhalb und unterhalb der Bezugsachse. Im Überlappungsbereich der Weiche, wo beide Lautsprecher gleich viel zur Strahlung beitragen, kommt der maximale Schalldruck bei einem Winkel von 14° unterhalb der Bezugsachse zustande (*Abb. 83*). Wegen des breiten Überlappungsbereiches der beiden Lautsprecher ist das Richtdiagramm einer solchen Lautsprecherkombination innerhalb von zwei Oktaven[1]) gegen die akustische Bezugsachse geneigt. Außerdem erhält bei Anwendung einer Weiche 1ter Ordnung der Hochtöner zu viel tiefe und der Tieftöner zu viel hohe Frequenzen zugeführt, so daß die Lautsprecher in Frequenzbereichen arbeiten, wo sie keine günstigen elektroakustischen Eigenschaften aufweisen. Die Lautsprecher müßten unter diesen Betriebsbedingungen innerhalb vierer Oktaven einen regelmäßigen Verlauf der Übertragungskennlinien aufweisen, eine Bedingung, die in der Praxis kaum vorkommt. Frequenzweichen 1ter Ordnung kommen daher zum Aufbau von HiFi-Lautsprecherkombinationen aus den zuletzt erwähnten Gründen praktisch nicht in Betracht.

3 Weiche 2ter Ordnung mit 12 dB Spannungsabfall/Oktave

Die Weiche 2ter Ordnung (*Abb. 84*) liefert ein symmetrisches Strahlungsdiagramm, das in der akustischen Bezugsebene der Lautsprecherkombination frequenzunabhängig ist. Leider kommt bei der Trennfrequenz der Weiche ein Anstieg des Schalldruckes um 3 dB zustande. Hochtöner und Tieftöner müssen gegenphasig gepolt werden. Werden diese beiden Lautsprecher gleichphasig zusammengeschaltet, so heben sich die Ausgangssignale der beiden Lautsprecher bei der Übernahmefrequenz gegenseitig auf und in der Übertragungskennlinie der Lautsprecherkombination ent-

---

1) Eine Oktave ist das Frequenzintervall, innerhalb dessen sich die Frequenz verdoppelt bzw. halbiert

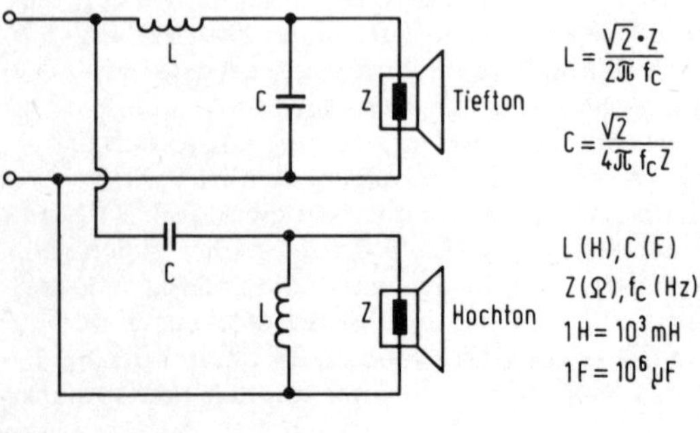

84 Frequenzweiche 2. Ordnung (12 dB/Oktave)

steht ein Loch. Für hohe Forderungen an die Qualität der Lautsprecherwiedergabe ist ein Spannungsabfall von 12 dB/Oktave noch zu klein. Der zusätzliche Pegelanstieg von 3 dB bei der Trennfrequenz schränkt die Anwendbarkeit von Butterworth-Weichen 2ter Ordnung auf Lautsprecherkombinationen hoher Qualität ein.

4 Weichen 3ter Ordnung mit 18 dB Spannungsabfall/Oktave

Butterworth-Weichen 3ter Ordnung (*Abb. 85*) weisen eine Flankensteilheit ihrer Dämpfung von 18 dB/Oktave auf (*Abb. 86*). Das bietet die Gewähr, daß den angeschlossenen Lautsprechern nur diejenigen Frequenzen zugeführt werden, wo sie optimal günstige Übertragungseigenschaften aufweisen. Falls die Lautsprecher gegenphasig zusammengeschaltet werden, ist auch die Phasenverzerrung gering. Von Nachteil ist, daß das Richtdiagramm der Lautsprecherkombination nicht symmetrisch in Bezug auf die Lautsprecherbezugsachse ist (Abb. 83).

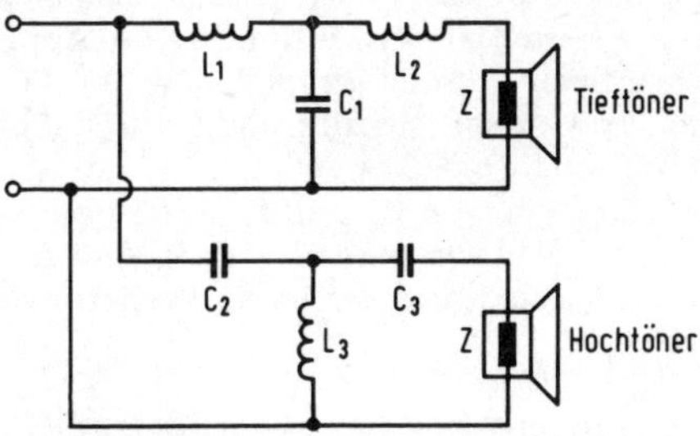

$$L_1 = \frac{3Z}{4\pi f_c} \qquad C_2 = \frac{1}{3\pi f_c Z}$$

$$L_2 = \frac{Z}{4\pi f_c} \qquad C_3 = \frac{1}{\pi f_c Z}$$

$$C_1 = \frac{2}{3\pi f_c Z} \qquad L_3 = \frac{3Z}{8\pi f_c}$$

L(H), C(F)

Z(Ω), f_c(Hz)

$1\,H = 10^3\,mH$

$1\,F = 10^6\,\mu F$

$Z = \sqrt{R^2 + (\omega L)^2}$

R Gleichstromwiderstand der Schwingspule

L Induktivität der Schwingspule

85 Frequenzweiche 3. Ordnung (18 dB/Oktave)

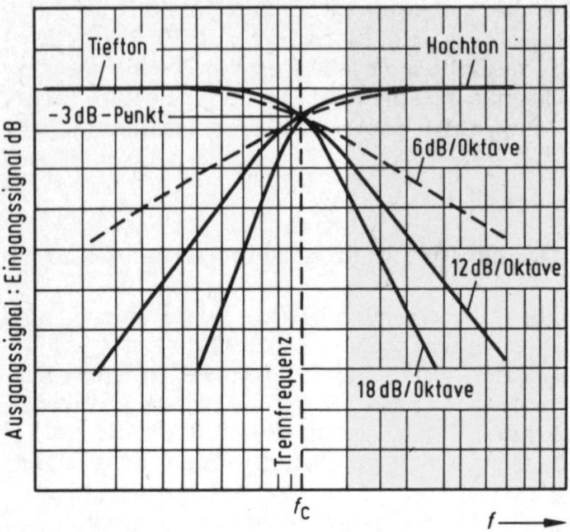

86 Grundsätzlicher Verlauf der Dämpfung für Frequenzweichen 1., 2. und 3. Ordnung

Tabelle 4 gibt die L– und C–Werte für verschiedene Trennfrequenzen für ein Butterworth-Filter 3ter Ordnung. Die Werte beziehen sich auf eine Abschlußimpedanz von 8 Ω. Es ist zu beachten, daß die Lautsprecherimpedanz tatsächlich kein konstanter Wert ist, sondern daß er vielmehr von der Frequenz abhängt. Berechnungen von C– und L–Werten nach Tabelle 4 bzw. den in Abb. 85 angegebenen Formeln sind also nur unter der Voraussetzung gültig, daß die Lautsprecherimpedanz konstant ist.

Tabelle 3: Trennfrequenz f_c und Werte für L und C für ein Filter 3ter Ordnung bei Anwendung von 8-Ω-Lautsprechern

f_c(Hz)	L 1 (mH)	L 2 (mH)	C1 (uF)	C 2 (uF)	C3 (uF)	L3 (mH)
1100.00	19.10	6.37	265.26	132.63	397.89	9.55
251.19	7.60	2.53	105.60	52.80	158.40	3.80
398.11	4.80	1.60	66.63	33.31	99.94	2.40
1000.00	1.91	.64	26.53	13.26	39.79	.95
2511.98	.76	.25	10.56	5.28	15.84	.38
3162.28	.60	.20	8.39	4.19	12.58	.30
3981.07	.48	.16	6.66	3.33	9.99	.24

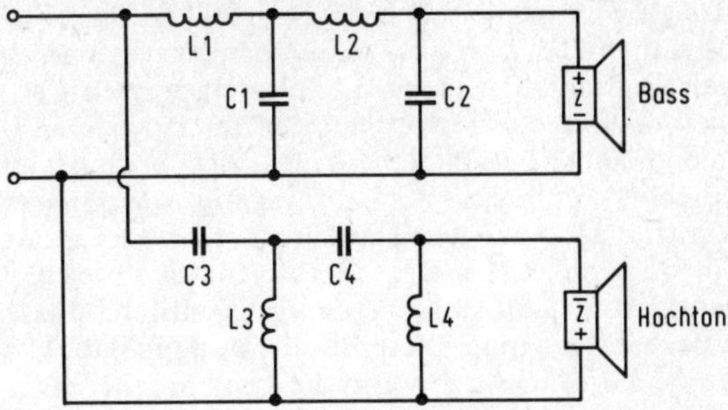

$$L_1 = \frac{1{,}8856 \cdot Z}{2\pi \cdot f_c} \qquad C_1 = \frac{1{,}5910}{2\pi f_c \cdot Z}$$

87 Frequenzweiche 4. Ordnung (24 dB/Oktave)

$$L_2 = \frac{0{,}94281 \cdot Z}{2\pi \cdot f_c} \qquad C_2 = \frac{0{,}35355}{2\pi f_c \cdot Z}$$

$$L_3 = \frac{Z}{2\pi f_c \cdot 1{,}5910} \qquad C_3 = \frac{1}{2\pi f_c \cdot 1{,}8856 \cdot Z}$$

$$L_4 = \frac{Z}{2\pi f_c \cdot 0{,}35355} \qquad C_4 = \frac{1}{2\pi f_c \cdot 0{,}94281 \cdot Z}$$

$L(H)$, $C(F)$, $Z(\Omega)$, $f_c(Hz)$

$1H = 10^3 mH \quad 1F = 10^6 \mu F$

$Z = \sqrt{R^2 + (\omega L)^2}$

R= Gleichstromwiderstand der Schwingspule

L= Induktivität der Schwingspule

5 Weiche 4ter Ordnung mit 24 dB Spannungsabfall/Oktave

Butterworth-Weichen 4ter Ordnung (*Abb. 87*) zeichnen sich, abgesehen von der großen Flankensteilheit der Dämpfung dadurch aus, daß die Achse der Strahlungskennlinie mit der Lautsprecherbezugsachse übereinstimmt und unabhängig von der Frequenz ist. Es ist notwendig, daß Tiefton- und Hochtonlautsprecher von der gleichen akustischen Ebene strahlen. Das läßt sich dadurch erreichen, daß die beiden Lautsprecher vertikal übereinander gesetzt und in der Horizontalebene gegenseitig so verschoben werden, daß die akustischen Zentren der beiden Lautsprecher übereinander liegen (siehe Abb. 107). Auch bei anderen Lautsprecherkombinationen ist es günstig, wenn die akustischen Zentren der einzelnen Lautsprecher von der gleichen akustischen Ebene strahlen. Lautsprecherboxen, die unter diesem Gesichtspunkt aufgebaut sind, werden gelegentlich „phasenlineare Lautsprecher“ genannt. Diese Bezeichnung hat aber keine physikalische Realität. Auch wenn die Lautsprecher einer Kombination von der gleichen akustischen Ebene strahlen, wird noch keine Phasenlinearität erhalten, weil zahlreiche weitere Parameter dafür mitbestimmend sind.

Die Formel in Abb. 87 dienen zur Berechnung der L– und C–Werte für die Induktivitäten und Kapazitäten eines Butterworth Filters 4ter Ordnung.
Beispiel: $Z = 8\ \Omega$ und $f_c = 3$ kHz
$L_1 = 0{,}8$ mH, $L_2 = 0{,}4$ mH, $L_3 = 0{,}266$ mH, $L_4 = 1{,}2$ mH
$C_1 = 10{,}5\ \mu F$, $C_2 = 2{,}3\ \mu F$, $C_3 = 3{,}51\ \mu F$, $C_4 = 7{,}04\ \mu F$

Es ist wieder vorausgesetzt, daß die Schwingspulenimpedanz einen frequenzunabhängigen konstanten Wert $Z = 8\ \Omega$ hat.

Die Anwendung eines Butterworth Filters 4ter Ordnung eliminiert die frequenzabhängige Neigung des Richtstrahldiagrammes bei Weichen 3ter Ordnung. Die beiden Lautsprecherchassis müssen aber so angeordnet werden, daß sie in der gleichen akustischen Ebene liegen, da anderenfalls das Richtstrahldiagramm in der Umgebung der Übernahmefrequenz der Weiche geneigt wird. Der vertikale Abstand der beiden Chassis voneinander muß so klein als möglich sein.

6 Phasenverzerrung

Bei Weichen entstehen Phasenfehler bei der Signalübertragung. Wird z.B. ein Impuls übertragen, der sich bekanntlich aus einer Vielzahl einzelner Frequenzen zusammensetzt, so durchlaufen die einzelnen Frequenzen das Filter mit unterschiedlicher Geschwindigkeit, wodurch sich die einzelnen Frequenzen bei der Übertragung gegeneinander verschieben. Die Summierung der Amplituden der Teilfrequenzen entspricht dann nicht mehr der ursprünglichen Impulsform. Eine Phasenverschiebung der einzelnen Frequenzanteile ist also gleichbedeutend mit einer Verzerrung des zu übertragenden Signals. Nur wenn die Phasenverschiebung *linear* mit zunehmender Frequenz größer wird, treten keine Phasenverzerrungen auf. In einem derartigen Fall ist die Neigung der Phasenkennlinie konstant. Die Neigung bzw. Steigung der Phasenkennlinie charakterisiert der Techniker durch den Begriff der Gruppenverzögerung

$$\tau = -\frac{d\varphi}{d\omega}$$

wobei τ die Zeit ist, die das Signal benötigt zum Durchlaufen einer bestimmten Wegstrecke, sowie φ die Phase und $\omega = 2\pi f$ die Kreisfrequenz der Signalfrequenz f sind.

Für Butterworth-Weichen 1ter bis 4ter Ordnung ist die Gruppenverzögerung in *Abb. 88* dargestellt[1]. Aus dem Diagramm geht hervor, daß nur bei Weichen 1ter Ordnung mit

---

1) S. Linkwitz, Loudspeaker system design. Wireless World, June 1978

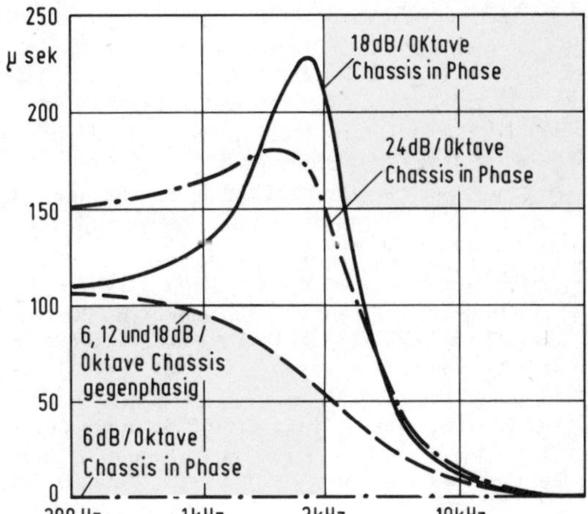

88 Gruppenverzögerung einer Lautsprecherkombination mit 3 kHz Übernahmefrequenz zwischen Tief- und Hochtonlautsprecher unter Anwendung von Butterworth-Weichen 1. bis 4. Ordnung (nach Linkwitz)

6 dB/Oktave Spannungsabfall bei gleichphasiger Zusammenschaltung der Lautsprecher keine Gruppenverzögerung auftritt. Eine zulässige allmähliche Phasendrehung kommt bei gegenpolig zusammengeschalteten Lautsprechern für Weichen 1ter, 2ter und 3ter Ordnung zustande. Die größte Gruppenverzögerung tritt bei Weichen 3ter und 4ter Ordnung ein, wenn die Lautsprecher gleichphasig zusammengeschaltet werden. Die Chassis sind daher gegenphasig zusammenzuschalten.

7 Akustische Butterworth-Weichen[1)]

Bei der Auslegung von Frequenzweichen ist zu beachten, daß sowohl das Übertragungsverhalten der Lautsprecherchassis einer bestimmten Kombination als auch die akustischen Eigenschaften des Lautsprechergehäuses mit einzubeziehen sind. Die den Lautsprechern angebotene Signalspannung muß dann so modifiziert werden, daß das integrierte Ausgangssignal aller Lautsprecher zusammen in einer gegebenen Lautsprecherbox eine lineare Übertragungskennlinie ergibt. Das setzt voraus, daß die Schalldrucke der einzelnen Lautsprecher die richtigen Amplituden und Phasen haben, vor allen Dingen im Bereich der Übernahmefrequenz der Weiche. Butterworth-Weichen, die hierauf beruhen, nennt man *akustische Butterworth-Weichen.* Frequenzweiche, Lautsprecherchassis und Lautsprecherbox werden hiernach als ein integriertes System betrachtet.

Die Methodik, die der Auslegung *akustischer Butterworth-Weichen* zugrunde liegt, basiert auf der Untersuchung des Impulsverhaltens von Lautsprechern durch FOURIER–Analyse unter Einbeziehung einer digitalen Meßtechnik[2)]. Es kann hier nicht auf Einzelheiten dieser Methode eingegangen werden. Statt dessen soll das Ergebnis solcher Untersuchungen an einem praktischen Beispiel[3)] erläutert werden.

---

1) Die Bezeichnung Acoustical Butterworth-Filter wurde von KEF ELECTRONICS LTD eingeführt, die diese Technik als erste entwickelte

2) A Target Function approach to the design of filters. KEFTOPICS Vol. 2, No. 1, KEF Electronics Ltd. Hausmitteilungen

3) J. M. Berman u. L. R. Fincham, The Application of Digital Techniques to the Measurement of Loudspeakers. J. Audio Eng. Soc. Vol. 25,6 (1977) S. 370-384.

89 Konventionelles Hochpaß-Butterworth-Filter 3. Ordnung a) Schalldruck und Phasenverhalten, b) Schaltung des Hochpasses

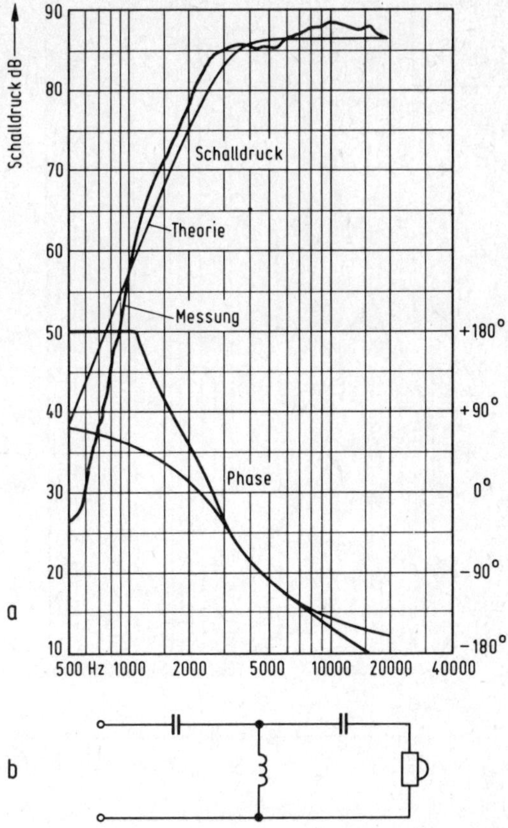

Abb. 89 zeigt die Schaltung eines üblichen *Butterworth*-Hochpaß-Filters 3ter Ordnung und dessen Übertragungsverhalten unter Anwendung des Hochtöners KEF T 27. Ein Vergleich mit den theoretisch erwünschten Kurven zeigt Abweichungen vor allen Dingen bei Frequenzen < 3 kHz und im Gebiet um 10 kHz. Der Abfall unter 1 kHz beträgt etwa 30 dB/Oktave statt der gewünschten 18 dB/Oktave. Das *akustische Butterworth*-Filter liefert demgegenüber eine viel bessere Übereinstimmung zwischen

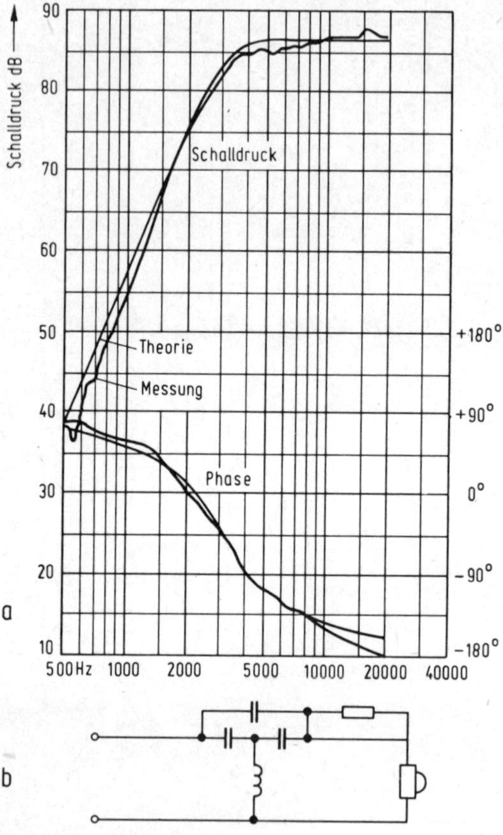

90 Akustisches Butterworth-Filter 3. Ordnung a) Schalldruck und Phasenverhalten, b) Schaltung des Hochtonpasses

den theoretisch erwünschten und den experimentell gemessenen Kurven (*Abb. 90*). Die Abweichungen zwischen den theoretisch geforderten und experimentellen Kurven liegen im Frequenzbereich 500 bis 20 000 Hz im Intervall ± 1 dB. Das gilt sowohl für das Schalldruckverhalten als auch für den Phasenverlauf. Diese Verbesserung ist hörbar! Allerdings tritt die Verbesserung nur für einen bestimmten Lautsprecher ein, für den die Weiche ausgelegt wurde. Der Lautsprecher muß ferner in ein vorgeschrie-

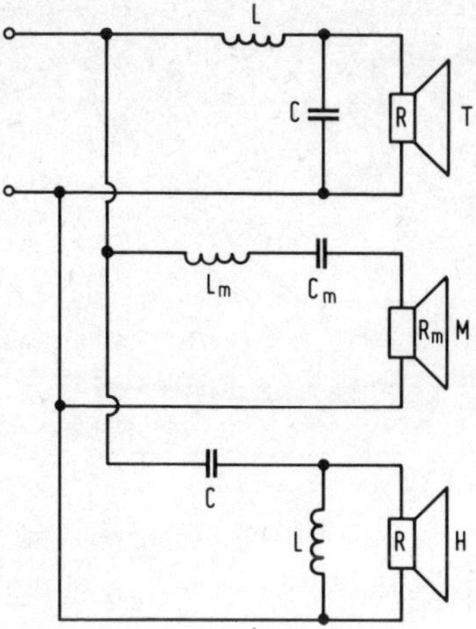

$$L = \frac{\sqrt{2} \cdot R}{2\pi f_0}$$

$$L_m = \frac{R_m}{\sqrt{2} \cdot 2\pi f_0}$$

$$C = \frac{1}{\sqrt{2} \cdot R \cdot 2\pi f_0}$$

$$L_m = \frac{\sqrt{2}}{R_m \cdot 2\pi f_0}$$

91 Frequenzweiche mit „filler driver“

benes Gehäuse eingebaut werden, denn alle akustischen Eigenschaften, wie Beugung und Interferenz, gehen in die Auslegung des akustischen Butterworth-Filters ein.

8 Frequenzweiche mit „filler driver"

Eine Methode Phasenfehler zu vermeiden besteht darin, daß in eine Dreiweg-Weiche mit 12 dB Spannungsabfall/Oktave für den Hochton- und Tieftonlautsprecher ein zusätzlicher Mitteltonlautsprecher (filler driver) mit einem Filter 1ter Ordnung, also einem Spannungsabfall von 6 dB/Oktave, benutzt wird. Bei einer Dämpfung von 3 dB ist dessen Übertragungsbandbreite zwei Oktaven. *Abb. 91* zeigt das Schaltungsprinzip für diese Kombination. Mit ihr läßt es sich erreichen, daß die Vektorsumme der Signalspannungen an den drei Lautsprechern gleich der eingespeisten Signalspannung ist. Der zu verwendende Mitteltonlautsprecher muß aber über wenigstens zwei Oktaven eine gleichmäßige Übertragungskennlinie aufweisen.

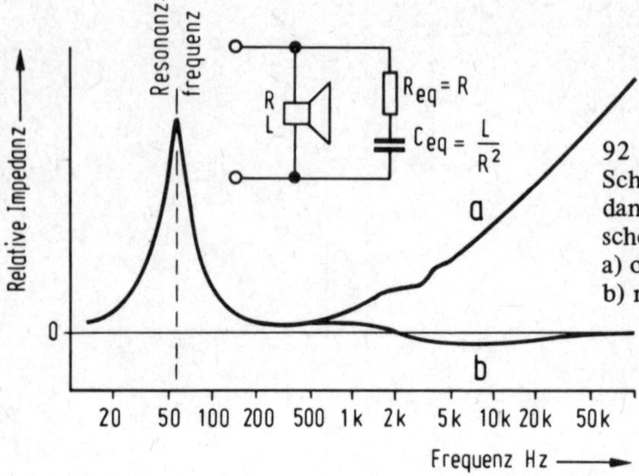

92 Verlauf der Schwingspulenimpedanz eines dynamischen Lautsprechers. a) ohne Equalizer, b) mit Entzerrer

9 Entzerrung

Damit der Abschlußwiderstand einer Frequenzweiche unabhängig von der Frequenz und konstant bleibt, kann man ein Serie–RC–Glied parallel zur Schwingspule des Lautsprechers legen (*Abb. 92*). Ist L die Induktivität der Schwingspule und R deren Gleichstromwiderstand, so muß zwecks Entzerrung in Näherung

$$R_{eq} = R \quad \text{, und} \quad C_{eq} = \frac{L}{R^2}$$

sein. Die Abschlußimpedanz der Weiche ist unter dieser Voraussetzung gleich dem Widerstand R. Wie sich diese Entzerrung auf die Frequenzabhängigkeit der Impedanz der Schwingspule eines dynamischen Lautsprechers auswirkt, geht aus *Abb. 89* hervor. Z.B. hat die Schwingspule eines 25-mm-Hochton-Kalottenlautsprechers einen Widerstand R = 6,4 Ω und eine Induktivität L = 0,15 mH. Die zur Entzerrung erforderlichen Werte sind R_{eq} = 6,4 Ω und C_{eq} = 3,6 μF.

Will man den selektiven Anstieg der Impedanz der Lautsprecher-Schwingspule bei der Resonanzfrequenz eines Lautsprechers entzerren, benutzt man hierzu einen Serien-Resonanzkreis parallel zur Lautsprecher-Schwingspule, dessen Eigen-

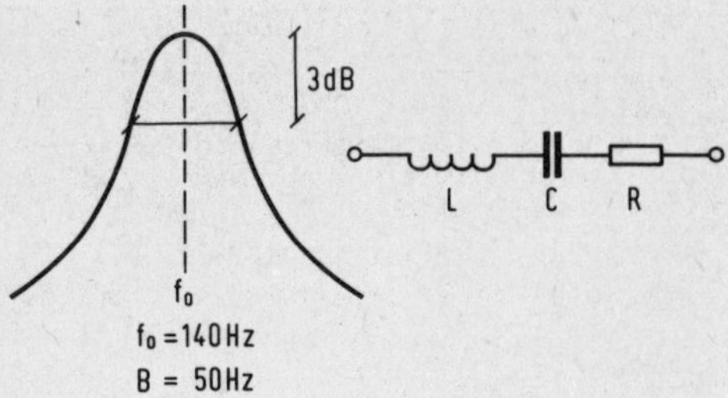

93 Serienresonanzkreis und Resonanzkurve

frequenz auf die des Lautsprechers abgestimmt wird (*Abb. 93*). Aus der durch eine Messung aufzunehmenden Resonanzkurve des Lautsprechers läßt sich die Größe der Resonanzfrequenz f_o und die Bandbreite B entnehmen. Z.B. sei $f_o = 150$ Hz und $B = 50$ Hz. Die Eigenfrequenz des anzuwendenden Serien-Resonanzkreises ist

$$f_o = \frac{1}{2\pi}\sqrt{\frac{1}{LC}} \qquad (34)$$

Ferner gilt

$$\frac{B}{f_o} = \frac{R}{2\pi \cdot f_o \cdot L} = \frac{1}{Q} \qquad (35)$$

Q heißt Qualitätsfaktor des Resonanzkreises. Aus (34) findet man

$$\sqrt{L \cdot C} = \frac{1}{2\pi \cdot f_o} = \frac{1}{2\pi \cdot 140} = 1{,}1 \cdot 10^{-3}$$

bzw.

$$L = 3\ \text{mH und } C = 470\ \mu\text{H}$$

Der Widerstand R ergibt sich aus dem Zusammenhang

$$R = 2\pi L \cdot B = 2\pi \cdot 3 \cdot 10^{-3} \cdot 50 = 0{,}9\ \Omega$$

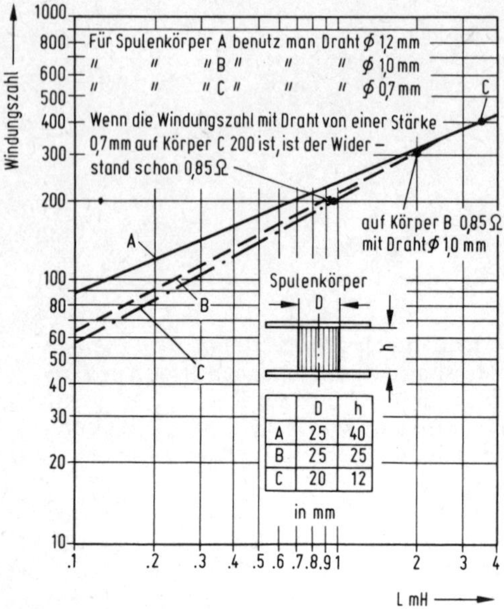

94 Wickeldaten für Luftspulen

10 Kapazitäten und Induktivitäten

Als Induktivitäten für passive Weichen kommen zum Selbstbau hauptsächlich Luftspulen in Betracht, die aus emailliertem Cu-Draht gewickelt werden. *Abb. 94* stellt ein Diagramm für das Wickeln solcher Spulen dar. Für Spulenkörper A benutzt man Draht mit einer Stärke von 1,2 mm, für Spulenkörper B mit einer Stärke von 1,0 mm. Man beachte, daß die ohmschen Widerstände dieser Spulen unterhalb 10 % des Impedanzwertes der Schwingspule bleiben müssen. Benutzt man z.B. Draht der Stärke 0,7 mm auf dem Spulenkörper C mit 200 Windungen, so ist der Widerstand dieser Spule schon 0,85 Ω und auf Spulenkörper B ist der Widerstand 0,85 Ω unter Verwendung einer Drahtstärke von 1,0 mm.

Um genügend niedrige Gleichstromwiderstände erzielen zu können, was bei Luftspulen mit Induktivitäten > 3 mH kaum möglich ist, wendet man Induktivitäten mit Ferrit-Kernen an.

Bei genügend großem Querschnitt der Kerne weisen Ferrit-Induktivitäten hinreichend niedrige Verzerrungen auf, die auch bei höheren Leistungen unhörbar sind.

Beim Aufbau von Frequenzweichen ist darauf zu achten, daß die einzelnen Induktivitäten so angeordnet werden, daß durch Streufelder keine Kopplungen zwischen ihnen zustande kommen. Dadurch kann die Wirksamkeit einer Weiche vollständig verloren gehen. Geeigneter als Luftspulen sind Induktivitäten mit Ferrit-Kernen, die auch für größere Selbstinduktionswerte genügend klein und verlustarm aufgebaut werden können. Beim Zusammenbau einer Weiche werden sie so angeordnet, daß ihre Kerne senkrecht zueinander liegen, also keine Kopplungen zustande kommen. Neben Induktivitäten mit Ferrit-Kernen werden auch Induktivitäten mit Kernen aus Dynamoblech verwendet. Diese weisen besonders niedrige Ohmsche Verlustwerte auf und gestatten eine noch bessere gegenseitige Entkopplung.

Große Sorgfalt ist auf die in Frequenzweichen anzuwendenden Kondensatoren zu legen. Die üblichen handelsüblichen Elkos sind wegen ihrer unzureichenden Toleranzwerte und hohen Verluste völlig ungeeignet für diesen Anwendungszweck. In Betracht kommen spezielle verlustarme ungepolte Elkos, MP–Kondensatoren und Kunststoffolienkondensatoren (Polyester-Kondensatoren). Die Toleranz der Kapazitätswerte muß innerhalb ± 5 % liegen. Um die geforderten Kapazitätswerte zu erhalten, kann man mehrere Kondensatoren parallel schalten. Die Gesamtkapazität mehrerer parallel geschalteter Kondensatoren (*Abb. 95*) ergibt sich zu

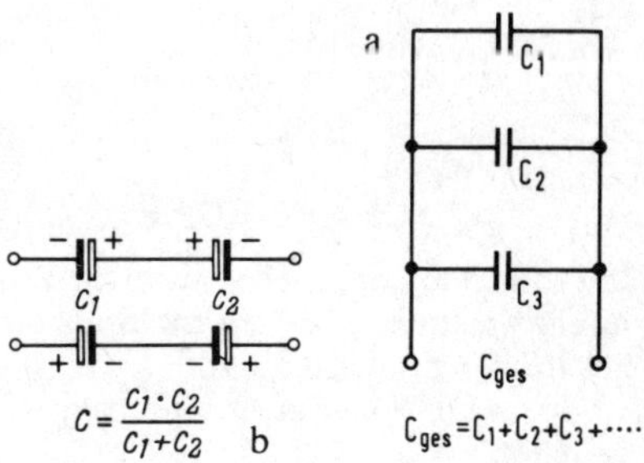

95 Schaltung von Kondensatoren, a) Parallelschaltung, b) Serienschaltung

96 a) Frequenzweichen mit Luftspulen und MP-Kondensatoren, b) Frequenzweichen mit Induktivitäten mit Ferritkernen und Kernen aus Dynamoblech

96 b)

$$C_{ges} = C1 + C2 + C3 + \ldots$$

In Abhörlautsprechern (Monitor-Boxen) findet man z.B. Frequenzweichen, in denen mehr als 50 Polyester-Kondensatoren zusammengeschaltet sind.

Die *Abb. 96* zeigt Ausführungen verschiedener Frequenzweichen.

VIII Lautsprecherkombinationen für High Fidelity

Nachdem zuvor die verschiedenen Arten von Lautsprechern, Lautsprechergehäusen und Frequenzweichen besprochen wurden, sollen im folgenden einige Lautsprecherkombinationen hoher Qualität erörtert werden. Bei Nachbau der einen oder anderen Kombination ist zu beachten, daß ausschließlich die hier angegebenen Bauteile und Typen verwendet werden müssen. Es ist unzulässig, das eine oder andere Lautsprecherchassis oder die eine oder andere Frequenzweiche durch Ersatztypen zu ersetzen, auch wenn diese für gleichen Anwendungszweck ausgelegt sind. Das Ergebnis derartiger Maßnahmen führt in fast allen Fällen zu ubefriedigenden Resultaten.

Wegen des zur Verfügung stehenden beschränkten Platzes können hier nur einige wenige Lautsprecherkombinationen beschrieben werden. Eine umfassendere Darstellung ist einem speziellen RPB–Band vorbehalten.

1 Zweiweg-Lautsprecherkombinationen

Die guten Eigenschaften der im folgenden beschriebenen Zweiweg-Boxen mit relativ hohen Übernahmefrequenzen bei etwa 3 kHz sind wesentlich durch die Anwendung von Bass/Mittelton-Lautsprechern mit Bextrene-Membranen oder Polypropylenmembranen bedingt. Bei Anwendung anderer Lautsprecher mit herkömmlichen Membranen ergeben sich Klangverfälschungen, wenn sie bis zu Frequenzen der genannten Größenordnung arbeiten müssen.

a) KEF DN 16 (Abb. 97)

Gehäuse: geschlossene 37-Liter Box (RPB 311)
Baßlautsprecher: B 200/SP 1039 (KEF)
Hochtonlautsprecher: T 52/SP 1049 (KEF)
Weiche: KEF DN 16/SP 1050

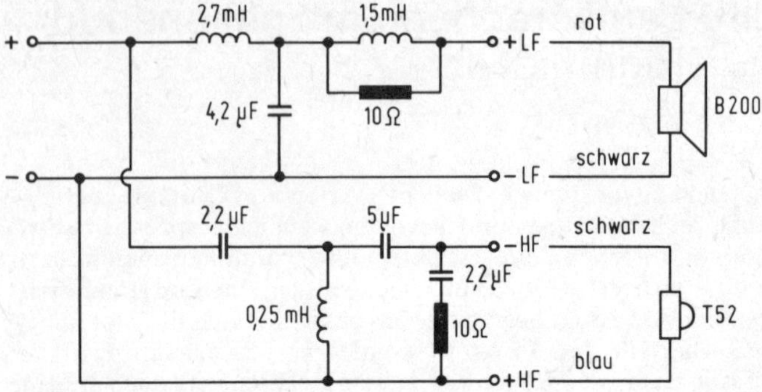

97 KEF DN 16

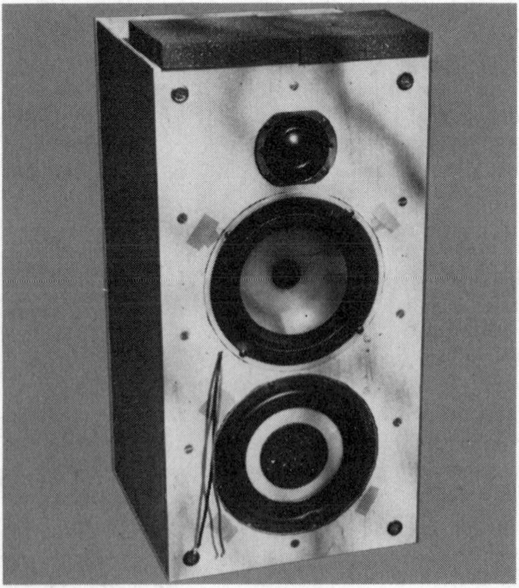

98 Laboraufbau der Box mit Tieftonchassis 8" LF MK III, Passivmembran und Hochtöner T 52

Übernahmefrequenz der Weiche: 3 kHz
Nennbelastbarkeit: 100 Watt

Eine Variante dieser Lautsprecherkombination besteht darin, daß als Baß-Mittelton-Chassis das Modell 8" LF MK III von

HARBETH ACOUSTICS benutzt wird[1]. Dieses Chassis ist mit einer Polypropylene-Membran versehen und zeichnet sich durch eine außergewöhnlich transparente Mitteltonwiedergabe aus. *Abb. 98* zeigt den Laboraufbau dieser Box, die durch die zusätzliche Anwendung eines parasitären Strahlers eine nach tiefen Frequenzen hin erweiterte Baßwiedergabe liefert.

b) KEF DN 17 (Abb. 99)

Gehäuse: geschlossene 19,5-Liter-Box (RPB 311)
Baßlautsprecher: B 200/SP 1014 (KEF)
Hochtonkalottenlautsprecher: T 27/SP 1032
Frequenzweiche: DN 17/SP 1052
Übernahmefrequenz: 3,5 kHz
Nennbelastbarkeit: 50 Watt

---

1) 8" LF unit MKIII kann von HARBETH ACOUSTICS, 2a Nova Road, Croydon Surrey, England CRO 2 TL, bezogen werden.

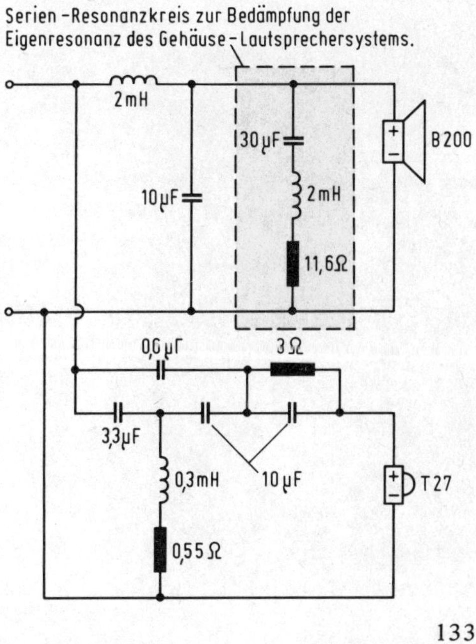

99 KEF DN 17

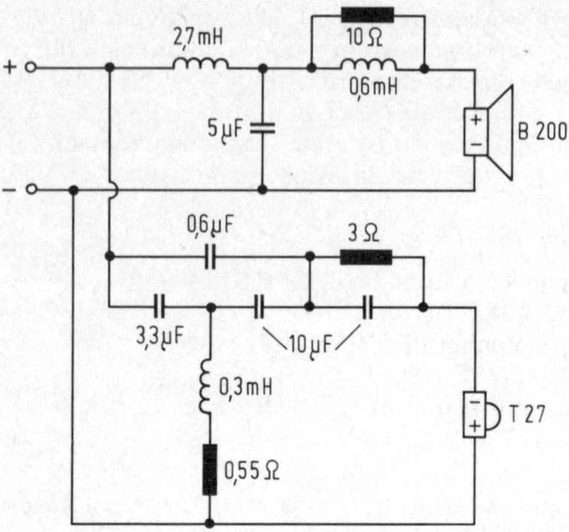

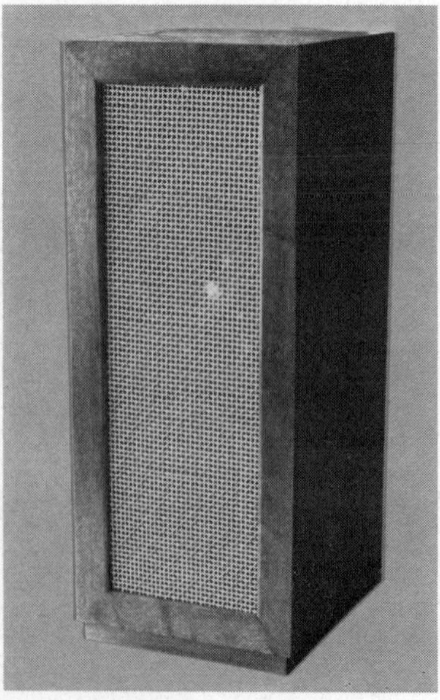

100 a) KEF DN 22
b) Lautsprecherbox
mit DN 22-Weiche

c) KEF DN 22 (Abb. 100)

Baßlautsprecher: B 200/SP 1039
Passivstrahler: BD 139/SP 1042
Hochtonkalottenlautsprecher: T 27/SP 1032
Akustische Butterworth-Weiche: DN 22/SP 1065
Übergangsfrequenz: 3 kHz
Nettovolumen des Gehäuses ca. 36 Liter (RPB 311)
Nennbelastbarkeit: 100 Watt
Abb. 100b) zeigt die Lautsprecherbox mit Gitterabdeckung.

Wie bei allen Zweiweg-Kombinationen mit relativ hoher Übernahmefrequenz müssen Tief-, Mitteltonchassis und Hochtonchassis so dicht als irgend möglich zueinander vertikal übereinander – und nicht horizontal nebeneinander – auf der Schallwand montiert werden. Anderenfalls spaltet die Richtstrahlkennlinie der Kombination in mehrere „Zipfel" auf und in der Übertragungskennlinie entstehen frequenzselektive Einbrüche, die mit Klangverfärbung verknüpft sind. Diese Zusammenhänge sind im Eingangskapitel I „Allgemeine Grundlagen der Lautsprecherwiedergabe" besprochen worden.

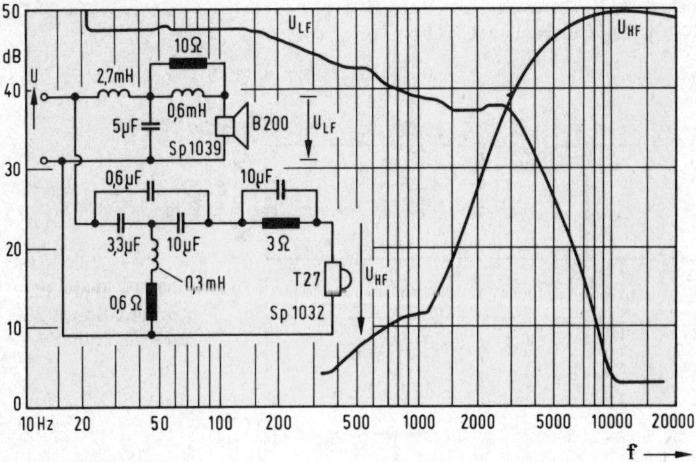

101 Verlauf der Spannung U_{Lf} an der Schwingspule des Tieftonchassis B 200 und der Spannung U_{HF} an der Schwingspule des Hochtonchassis T 27

Abb. 101 läßt die Wirkungsweise des verwendeten akustischen Butterworth-Filters erkennen. Das Diagramm zeigt den Verlauf der Spannung U_{LF} an der Schwingspule des Tieftonlautsprechers B 200 und der Spannung U_{HF} an der Schwingspule des Hochtonlautsprechers T 27 als Funktion der Frequenz.

d) B 200/HF 1300 – Kombination (Abb. 102)

Gehäuse wie unter c)
Baßlautsprecher: B 200/SP 1039 (KEF)
Passivstrahler: BD 139/SP 1042 (KEF)
Hochtöner: HF 1300 MK II (Celestion) (Abb. 104)
Nennbelastbarkeit: 100 Watt

Bei dieser Kombination wird zur Tief-Mitteltonwiedergabe die Kombination von B 200 mit Passivstrahler BD 139 eingesetzt. Zur Wiedergabe der Frequenzen oberhalb 3 kHz dient das Modell HF 1300 MK II. Das Butterworth-Filter 3ter Ordnung im Hochtonteil ist zusätzlich mit einem gedämpften Parallelresonanzkreis versehen, der auf die Resonanzfrequenz des HF 1300 bei etwa 1,9 kHz abgestimmt ist. Dadurch wird die Resonanzüberhöhung der Impedanzkurve des HF 1300 im Gebiet um 1,9 kHz beseitigt und in Verbindung mit dem Butterworth-Filter die Übertragungskennlinie linearisiert (*Abb. 103a, b*).

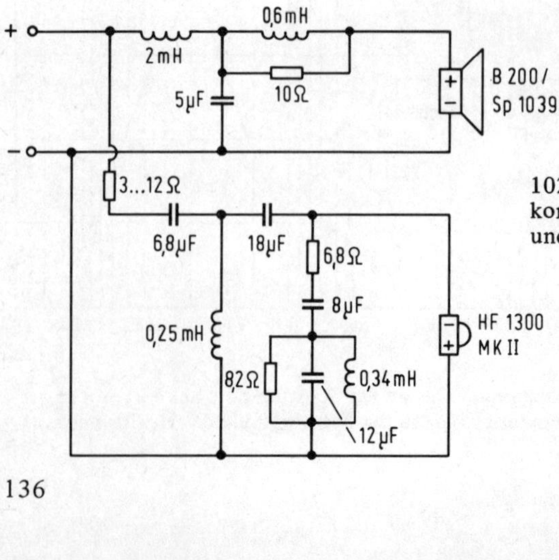

102 Lautsprecherkombination B 200 und HF 1300

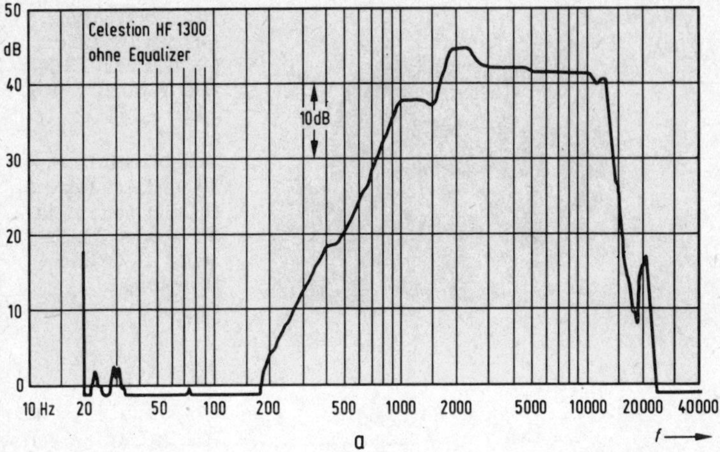

103 a)

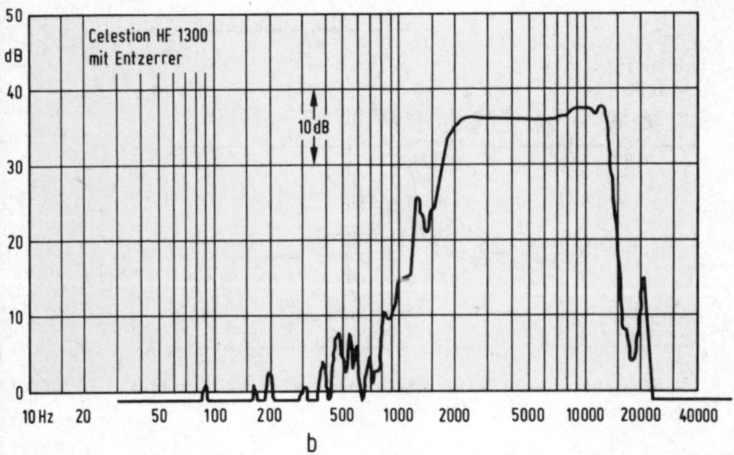

103 Übertragungskennlinie des Hochtonsystems HF 1300 MK II,
a) ohne Entzerrernetzwerk, b) mit Entzerrernetzwerk

104 Hochtonlautsprecher HF 1300 MK II (CELESTION) Übertragungsbereich: 2 kHz – 13 kHz (±2 dB) Nennbelastbarkeit: 30 Watt, empfohlene Übernahmefrequenz der Weiche: 3 kHz bei 18 dB/Oktave Dämpfung

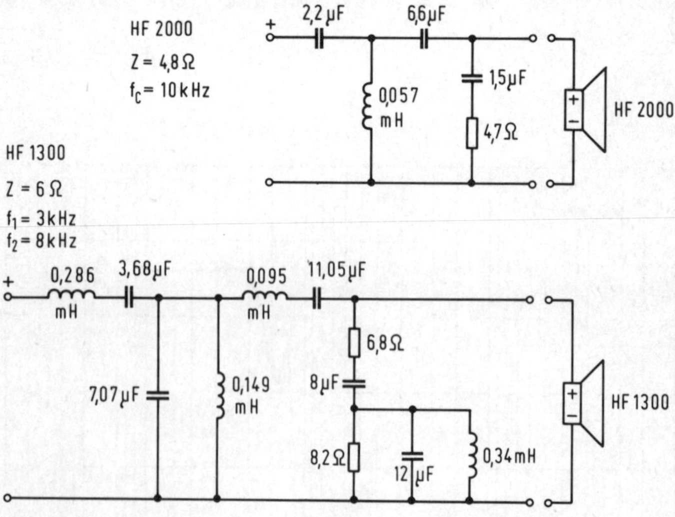

105 Erweiterung des Hochtonbereiches des HF 1300 durch CELESTION-Hochtöner HF 2000

Bei der Montage des Hochtonsystems HF 1300 ist zu beachten, daß dessen Austrittsöffnung exakt bündig mit der Schallwand abschließt. Man muß den Hochtöner rückwärts auf die 19 mm dicke Schallwand setzen. Wird er dagegen von vorn auf die Schallwand gesetzt, so daß die Austrittsöffnung übersteht, ergeben sich Einbrüche in der Übertragungskennlinie durch Interferenzeffekte.

Die Kombination läßt sich durch einen speziellen Hochtonlautsprecher, Modell HF 2000 (Celestion), ergänzen und mit ihm der Bereich bis etwa 20 kHz übertragen. Die Übernahmefrequenzen sind 3 kHz für HF 1300 und 10 kHz für HF 2000. Die Schaltung des Mittel-Hochton-Teiles für diese Kombination geht aus *Abb. 105* hervor.

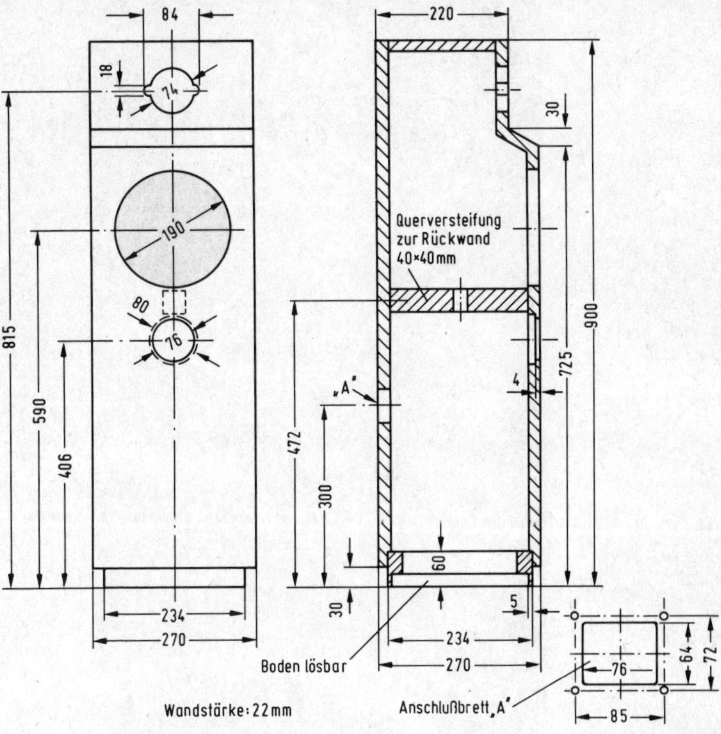

106 Bauzeichnung für Box BEX 40 (AUDAX)

107 Ausführung der Box BEX 40

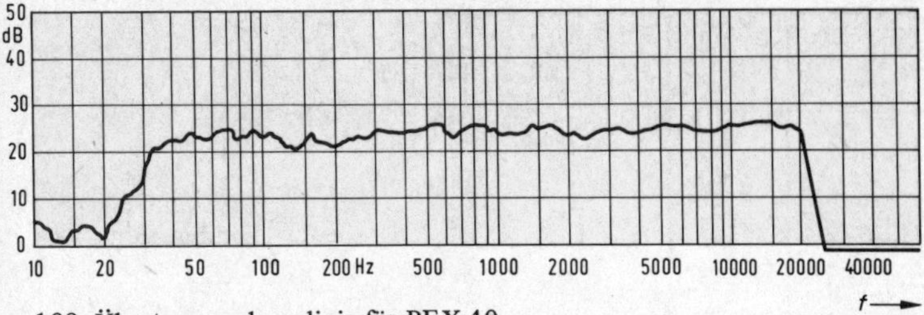

108 Übertragungskennlinie für BEX 40

e) Audax BEX 40[1]

Baßreflexgehäuse von etwa 60 Litern (Abb. 106, 107)
Baßlautsprecher M HD 21 B 37 R 2 C 12
Hochtonkalottenchassis: HD 12 x 9 D 25 mit Abdeckgitter
Übernahmefrequenz der Weiche 2,7 kHz bei 18 dB/Spannungsabfall/Oktave
Nennbelastbarkeit: 40 Watt
Weiche: G 1056

Die Übertragungskennlinie dieser Kombination verläuft linear zwischen 34 Hz und 20 kHz innerhalb ± 2 dB (*Abb. 108*). Hochtonlautsprecher und Baßlautsprecher sind gegeneinander versetzt, so daß deren akustische Zentren in der gleichen akustischen Ebene liegen.

f) The Tabor[2] (*Abb. 109*)

Baßreflexgehäuse mit Tunnel: RPB 311
Baßlautsprecher: HD 20 B 25 H (AUDAX)
Hochtonkalottenlautsprecher: HD 12 9D 25 (AUDAX)
Nennbelastbarkeit: 50 Watt

---

1) Die französische Firma bietet diese Lautsprecherkombination auch als KIT mit allen Bauteilen (außer dem Gehäuse) an.

2) HiFi News & Record Review, Sept. 1977, S. 93 . . . 96
Bauteile für „The Tabor“: Falcon Acoustics Lfd. Tabor House, Norwich Road, Mulbarton, Nr. Norwich, Norfolk NR 14 BJT, England

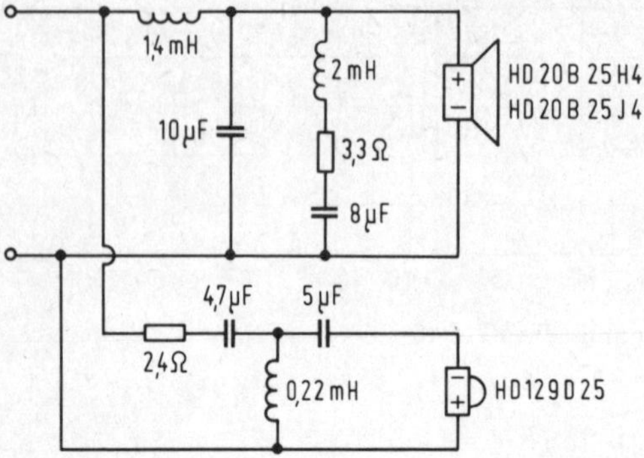

109 Lautsprecher-kombination THE TABOR

g) Mini-Transmission-Line Box[1,2] *(Abb. 110)*

Bauanleitung für die Box: RPB 311
Baßlautsprecher: KEF B 110/SP 1003

1) P. Atkinson, Mini-Transmission-Line Box, HiFi-News & Record Review, November 1978
2) H.H. Klinger, Improvings the Mini-Transmission-Line Loudspeaker Hi-Fi News & Record Review, June 1979

110 Mini-Transmission-Line Box mit B 110 und T 27-Chassis

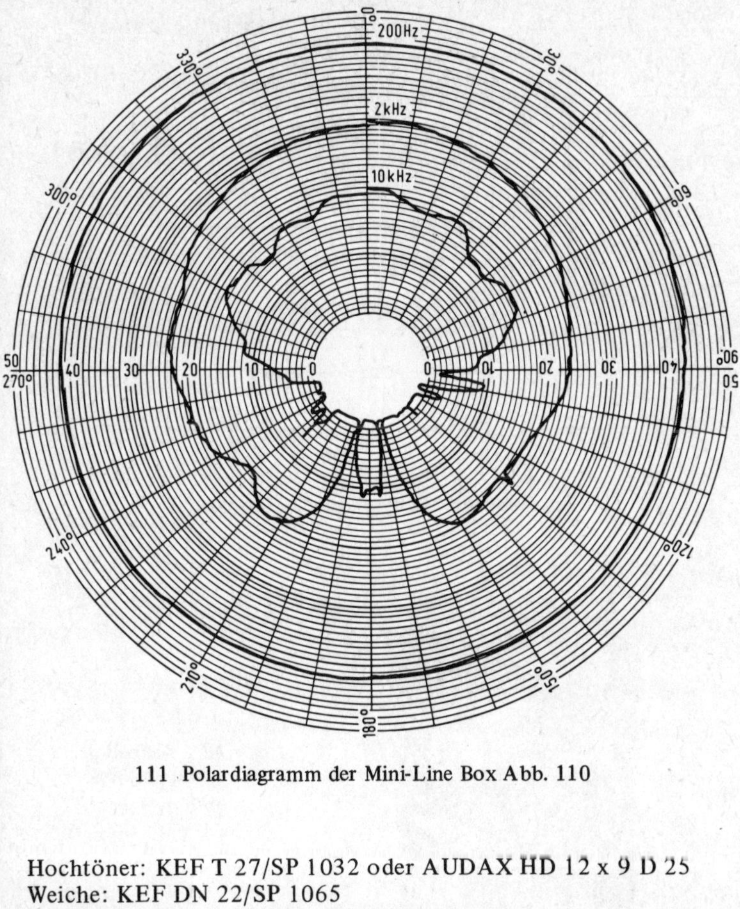

111 Polardiagramm der Mini-Line Box Abb. 110

Hochtöner: KEF T 27/SP 1032 oder AUDAX HD 12 x 9 D 25
Weiche: KEF DN 22/SP 1065
Nennbelastbarkeit der Box: 40 Watt
Die kleine Box liefert bis etwa 45 Hz eine saubere Baßwiedergabe und eignet sich besonders für kleinere Wohnräume. *Abb. 111* zeigt ihr Polardiagramm[3].

---

3) H. Holzapfel, Untersuchung einer Transmission-Line Lautsprecherbox. Diplom-Abschlußarbeit HfT Bremen, 1980

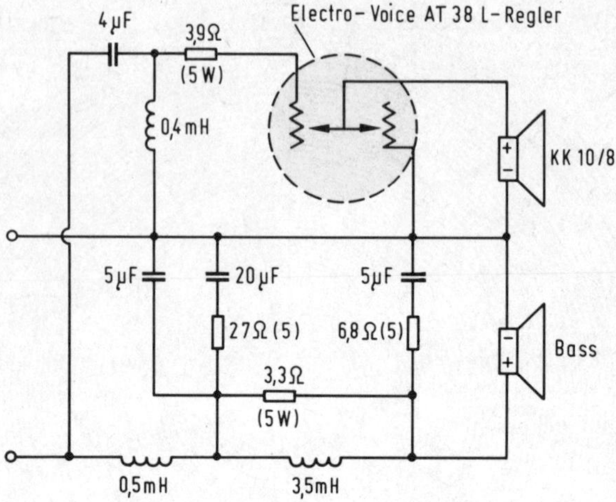

112 Schaltung der „Round Sound" Mini-Box

113 Aufbau der „Round-Sound"-Box

h) „Round Sound Box"[1] *(Abb. 113)*

Als Gehäuse wird ein steifes kreisförmiges Rohr von 20 cm Durchmesser benutzt. Rohrförmige Boxen haben den Vorzug, daß praktisch keine Biegeschwingungen der Gehäusewände auftreten können, da Rohre praktisch immun gegen den Wechseldruck des Lautsprecherschalles sind, eine Verformung der Box in radialer Richtung also nicht möglich ist.

Das Volumen der Box beträgt etwa 7,5 Liter. Sie ist locker mit langfasriger Naturwolle zu füllen. Die Schaltung der Kombination zeigt *Abb. 112.* Als Baßlautsprecher werden die Typen D 30/110 (DALESFORD) oder B 110/SP 1003 (KEF) und als Hochtöner das Modell KK 10/8 (ISOPHON) verwendet. Natürlich ist es auch möglich andere Hochtöner unter Verwendung anderer Frequenzweichen zu verwenden, wie sie z.B. zuvor angegeben wurden.

i) Hornstrahlerkombination

Tieftonlautsprecher L 15 P Low (RCF)
Mittelhochtonhorn TW 200 (RCF)
Weiche: FC–285 (RCF), Übernahmefrequenz 2 kHz
Baßreflexbox *Abb. 114, 115*
Nennbelastbarkeit: ca. 100 Watt

Diese Lautsprecherkombination kommt hauptsächlich für Diskotheken in Betracht. Bereits bei relativ kleiner Verstärker-Eingangsleistung wird lautstarke Wiedergabe erhalten.

(Abb. 114 und 115 siehe Seite 146)

---

1) R.F.C. Stephens, The Round Sound. Popular HiFi, March 1978

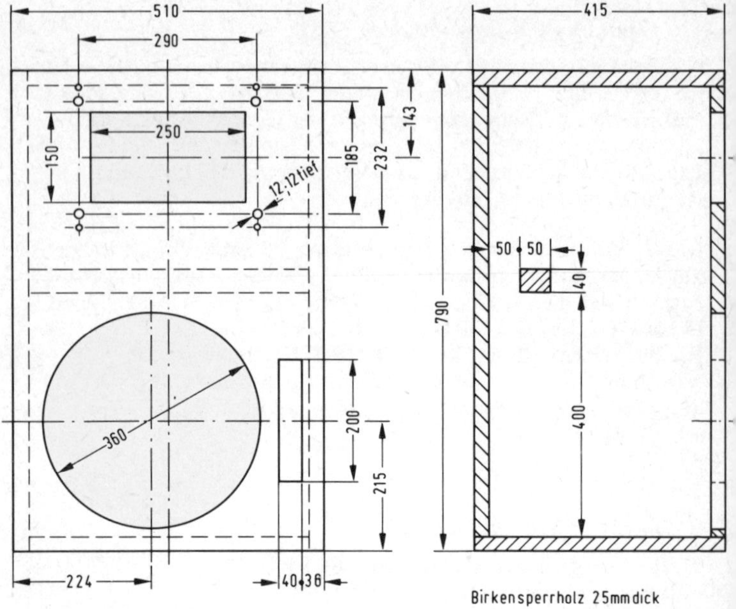

114 Baßreflexbox für L 15 P Low (RCF)

115 Aufbau der Baßreflexbox mit L 15 P Low und TW 200 mit Akustiklinse

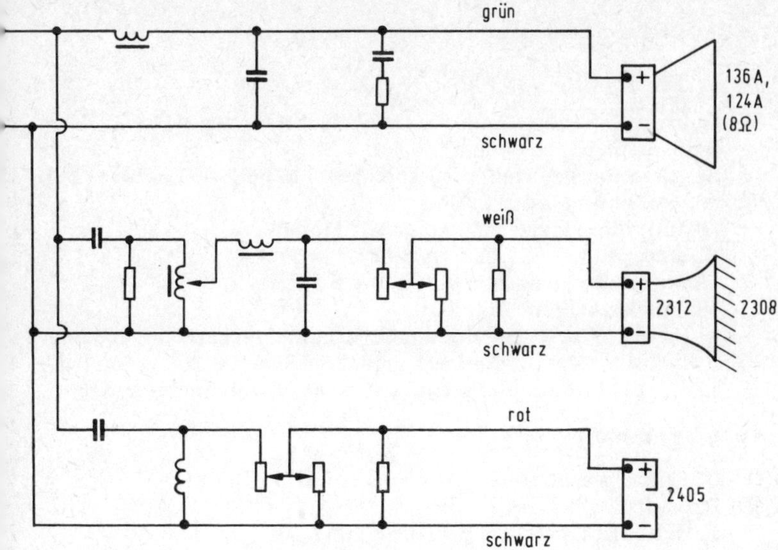

116 Lautsprecherkombination JBL Monitor 4333 A

117 JBL Monitor 4333A

2 Dreiweg-Lautsprecherkombinationen

a) JBL Monitor 4333 A

Gehäuse: 150 Liter Baßreflexbox (Bauzeichnung RPB 311)
Baßlautsprecher: Modell 136 A
Druckkammer-Mitteltonlautsprecher: Modell 2420 mit HL-92-Horn
Akustiklinse: Modell 2308
Diffraktions-Hochtonlautsprecher: Modell 2405
Weiche: Modell 3133A (*Abb. 116*)
Übergangsfrequenzen: 800 Hz und 8,5 kHz
Nennbelastbarkeit: 100 Watt

Abb. 117 zeigt ein Modell dieser Lautsprecherbox. Verwendet man anstelle des 38-cm-Lautsprechers 136A das 30-cm-Modell 124A, ist ein Baßreflexgehäuse von nur 70 Liter erforderlich.

b) KEF DN 19/20

Gehäuse: geschlossene 60-Liter-Box (RPB 311)
Baßlautsprecher: KEF 139
Mitteltonlautsprecher: B 110/SP 1057

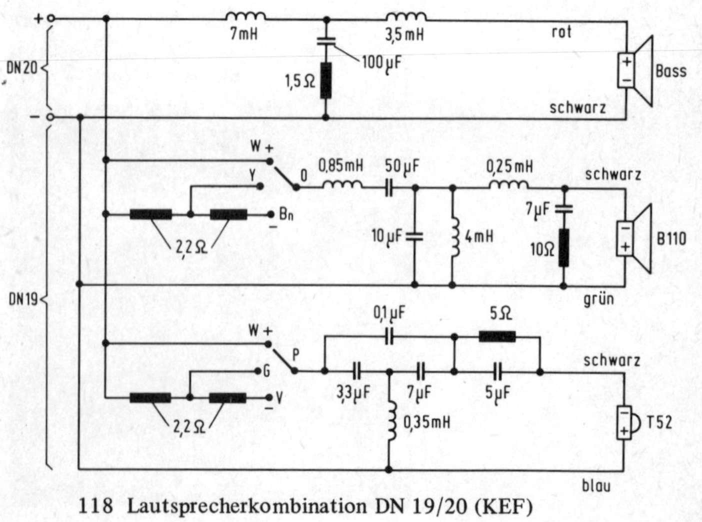

118 Lautsprecherkombination DN 19/20 (KEF)

Hochtonkalottenlautsprecher: T 52/SP 1049
Weichen: SP 1064 und SP 1058 (*Abb. 118*)
Übergangsfrequenzen: 250 Hz und 3 kHz
Nennbelastbarkeit: 100 Watt

Die Weichen DN 19 und DN 20 mit den Chassis B 110 und T 52 können auch mit anderen Baßlautsprechern bzw. Tieftonboxen kombiniert werden. *Abb. 118a* zeigt den Aufbau der Kombination mit einer geschlossenen 40-Liter Tieftonbox mit dem Baßchassis PEERLESS KP 100 WFX. Zur Vermeidung bzw. Milderung von Interferenz und Beugung ist der MH-Teil mit schallabsorbierendem Schaumstoff umgeben.

B 110 ist in ein separates Gehäuse (RPB 311 und Abb. 6 dieses RPB) einzubauen und oben auf den Deckel der Tieftonbox zu stellen. Der Hochtöner T 52 ist vertikal darunter B 110 (oder darüber) anzuordnen, wobei der Abstand zwischen beiden Chassis so nahe als möglich sein sollte. Der Abstand dieser Chassis zum Tieftöner ist nicht kritisch wegen der tiefliegenden Übernahmefrequenz von 250 Hz.

118 a
40 Liter Tieftonbox mit MH-Kopf

118 b Exponentialbox mit Wharfedale Chassis 1727A und MH-Kopf (T 52, B 110 KEF)

c) Peerless Dreiweg-Lautsprecherkombination

Gehäuse: geschlossene 40-Liter Box
Tieftöner KP 100 WFX–N
Kalotten-Mitteltöner KA 20 DMR
Kalotten-Hochtöner LK 10 DT
Frequenzweiche 3 E 13 (*Abb. 119*)
Nennbelastbarkeit: 100 Watt

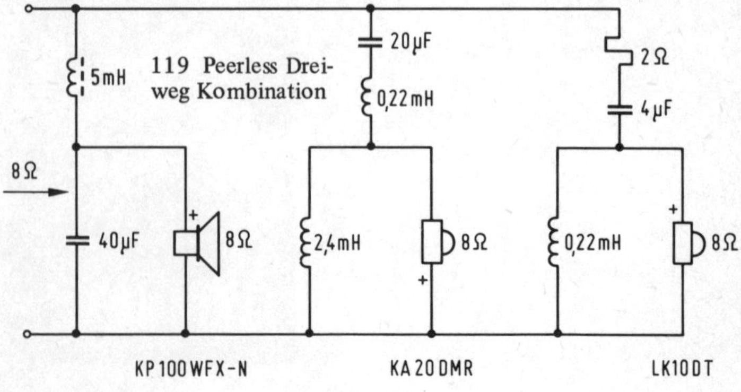

119 Peerless Dreiweg Kombination

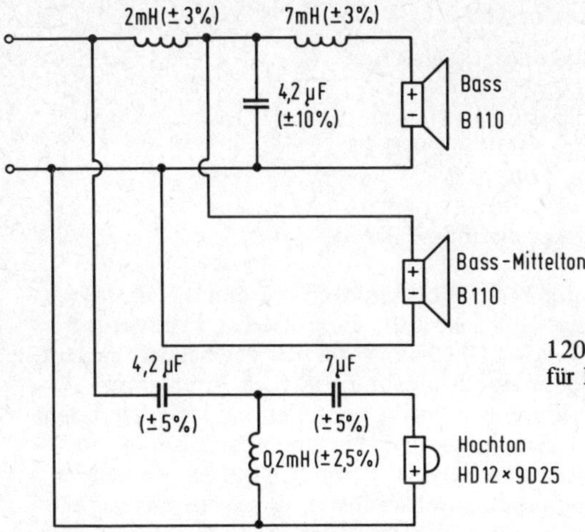

120 Frequenzweiche
für Mini-Concord III

121 Mini-
Concord III Box

d) Mini-KEF–Concord III

Gehäuse: geschlossene 16-Liter Box
Baßchassis: B 110
Baß-Mittelton-Chassis: B 110
Hochtöner: Audax HD 12 x 9 D 25
Frequenzweiche: *Abb. 120*
Nennbelastbarkeit: 50 Watt
Minimale Verstärkerleistung: 10 Watt

Bei dieser Lautsprecherkombination werden die Bässe von beiden B 110 Chassis abgestrahlt, die mittleren Frequenzen aber nur von einem B 110 Chassis, das auf der Schallwand unmittelbar unter dem Hochtöner montiert ist. Interferenzstörungen durch Wechselwirkung zwischen beiden Chassis (im Bereich der mittleren Frequenzen) können praktisch nicht eintreten, weil der untere Baßlautsprecher mit zunehmender Frequenz kontinuierlich geschwächt wird, so daß nur das obere B 110-Chassis die mittleren Frequenzen überträgt. Die Box zeichnet sich bereits bei kleinen Eingangsleistungen von etwa 10 Watt durch einen relativ großen Schallpegel aus. *Abb. 121* zeigt den Laboraufbau.

Die beschriebene Lautsprecherbox ist eine vom Verfasser erprobte Version der handelsüblichen ,,Concord III“ von KEF, die anstelle der B 110-Chassis die größeren B 200-Chassis in einem 38 Liter-Gehäuse benutzt.

3 Elektrostatische Lautsprecherkombinationen

Zur Kombination mit elektrostatischen Mittelhochton-Systemen kommen geschlossene Boxen und kleinere Baßreflexboxen in Betracht, wie sie bei den zuvor beschriebenen Zweiwegkombinationen verwendet werden.

Abb. 122 zeigt die Schaltung der Kombination eines ESL (Modell 203/3 von APS) mit einem Tieftonlautsprecher (Modell KEF B 200).

Eine ansprechende Qualität liefert auch die in *Abb. 123* gezeigte Kombination. Die Tieftonbox ist mit dem HARBETH ACOUSTIC Baßchassis 8” LF MK III mit Polypropylenmembran, dem Passivstrahler KEF SP 1042 und dem SHACKMAN ESL

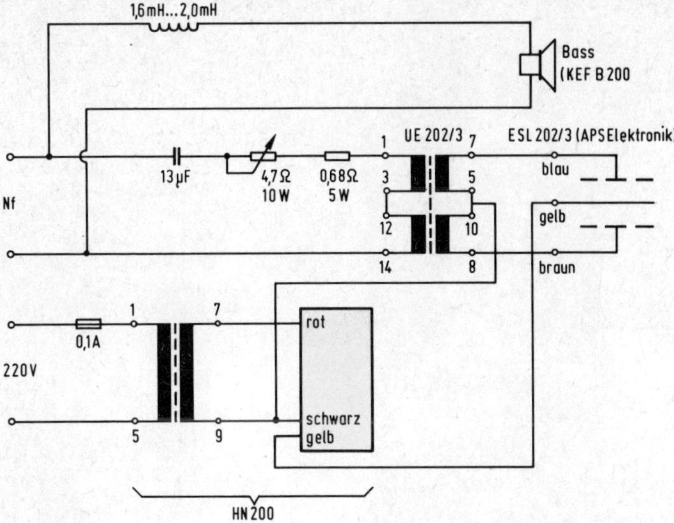

122 Kombination ESL 203/3 (APS ELEKTRONIK) mit Tieftonlautsprecher

bestückt. Die Übernahmefrequenz der Weiche für den ESL liegt bei 750 Hz. Die Induktivität im Tieftonkreis hat einen Wert von 1,8 mH. Im Hörtest erwies sich diese Box als besonders transparent. Der ESL sollte auf dem Deckel der Tieftonbox frei strahlen können. Der rückwärts ausgehende Schallanteil ist durch schallschluckende Materialien zu unterdrücken.

Abb. 123b zeigt den Aufbau der Kombination unter Verwendung des Baß-Mitteltonchassis B 200 von KEF. Bei Verwendung anderer Tieftonchassis ist zu beachten, daß sie bis zu einer Frequenz von etwa 2 kHz einen gleichförmigen Schalldruck-Frequenzverlauf ohne ausgeprägte Überhöhungen oder Einbrüche haben.

4 Andere Lautsprecherkombinationen

werden im RPB beschrieben. Aus Platzgründen können weitere Kombinationen in diesem RPB leider nicht erörtert werden.

123 Tieftonbox mit SHACKMAN ESL
a) Baßchassis 8" LF MK II (Harbeth Acoustics), Passivstrahler und ESL,

b) Baßchassis B 200 (KEF), Passivstrahler SP 1042 (KEF) und ESL

Firmenverzeichnis

Altec Lansing International Ltd, 17 Park Place, Stevenage Hertfordshire, SGIIDU, England
(Vertr. in der BRD: K. A. Marzik GmbH, Frankfurter Allee 19–21, 6236 Eschborn)

APS–Audio Products Systems Elektronik GmbH, Augustenstr. 82 A, 7000 Stuttgart 1

Audax, 45 Avenue Pasteur, 93106 Montreuil, Frankreich
(Vertr. in der BRD: Pelgrom de Haas, Krippenhof 1, 7550 Baden-Baden

Cabasse, Kergonan 29 200 Brest, Frankreich
(Vetr. in der BRD: Herr Ludenia, Tandberg, Heinrich Hertzstraße 24, B.P. 3125, 4006 Düsseldorf)

Dalesford Speakers Ltd., Upper Carr Lane, Pudsey, W. Yorkshire, LS 28 5QE, England

Decca Special Products Ltd., Intergateplace, Queenstownroad, London SW 8 3NT

Electro-Voice, Inc. 600 Cecil Street, Buchanan, Michigan 49 107 USA
Römerstraße 3, CH–2560 Nidau, Schweiz

Goodmans Loudspeakers Ltd., Downley Road, Havant, Hampshire P09 2 NL, England
(Vertr. in der BRD: Nuernberger u. Ross, Stückenstr. 74, 2000 Hamburg 74)

Isophon GmbH, Eresburgstr. 22–23, 1 Berlin 42

ITT Standard Elektrik Lorenz AG, Schlesische Str. 135, 8480 Straubing

JBL James B. Lansing Sound, Inc. 8500 Balbao Boulevard, Northbridge, 91 329 California, USA
(Vertr. in der BRD: Harman Deutschland, Hünderstr. 1, 7100 Heilbronn)

KEF Electronics Ltd., Tovil-Maidstone, Kent ME 15 6QP, England
(Vertr. in der BRD: Scope Electronics Vertriebs GmbH u. Partner KG., Curschmannstr. 20, 2 Hamburg 20

Onky-Deutschland GmbH Electronics, Industriestr. 18, 8034 München-Germering

Peerless Elektronik GmbH, Auf'm Großen Feld 3–5, 4 Düsseldorf

Tannoy Products Ltd., St. Johns Road, Typers Green, High Wycombe, Buckinghampshirem HP10 8HR, England (Vertr. in der BRD: Harman Deutschland, Hünderstr. 1, 7100 Heilbronn)

Radford Electronics Ltd., Ashton Vale Road, Bristol BS2 2Hz, Avon England

Rank Wharfedale Works, Highfield Road, Bradford BD 10 8SF, England (Vertr. in der BRD: Scope Electronics, Curschmannstr. 20, 2 Hamburg 20)

Harbeth Acoustics, 2 a Nova Road, Croydon CRO 2TL, England

Shackman Audio Services Ltd., 82 East Barnet Road, New Barnet, Herts., England (Vertr. in der BRD: Römer Audio Equipment GmbH, Adalbertsteinweg 253, 51 Aachen)

Vitavox Ltd., Westmoreland Road, London SE 27 9AB, England

Celestion Industries, GmbH, Schäferstr. 22–24, 6780 Pirmasens

Lowther Onlife Development Ltd., Bromley, Kent, England

RCF Radio Cine Forniture S.P.A., Via Alberto Mario 28, 20 149 Milano (Italien) (Vertr. in der BRD: Nuernberger & Ross, Stückenstr. 74, 2000 Hamburg 76

Allgemeine Vertriebsfirmen für Lautsprecher und Zubehör

LSV–Lautsprecher Spezialversand, Stückenstr. 74, 2000 Hamburg 76 (RCF, Goodmans, Multicell, Fane, JBL, u.a.)

RAE–Römer–Audio–Equipment GmbH, Adalbertsteinweg 253, 5100 Aachen (Shackman-Elektrostate)

Bergmann & Hillebrand Metallwarenfabrik, Daimlerstraße 8, 7500 Karlsruhe 21 (Metallgitter für Lautsprecherboxen)

König, Hohmann u. Lübeck KG, Postfach 120 307, 5630 Remscheid (Lautsprecher-Bespannstoffe)

Sara Weberei, Fuggenstraße 41 5000 Köln (Bespannstoffe).

Sachverzeichnis

Was halten Sie von diesem Buch?
Das würden wir gerne wissen.
Setzen Sie bitte ein paar Stichworte auf! Danke!

Buchtitel
und Urteil

Allg. Hinweis
KD.-
Klass. Ziffer

Kasten bitte freilassen

Fachgebiete, die mich interessieren:

- ☐ Hobby-Elektronik
- ☐ Elektroakustik
- ☐ Unterhaltungs-Elektronik
- ☐ Professionelle Elektronik
- ☐ Computerpraxis
- ☐ Amateurfunk
- ☐ Elektrotechnik
- ☐ Nachrichtentechnik

Auf dieses Buch wurde ich aufmerksam durch:

- ☐ Prospekt
- ☐ Besprechung
- ☐ Schaufenster
- ☐ Anzeige
- ☐ Empfehlung

Name, Vorname

Beruf

Straße

PLZ, Ort